ASTROFISICA 1

Dalla fisica all'astrofisica, Relatività ristretta e generale, Modello Standard, Stelle di neutroni, Buchi Neri, Radiazione di fondo, Onde gravitazionali, Ipernove, Universo ed il tempo, Grandi scienziati

ASTROFISICA 1

Dalla fisica all'astrofisica, Relatività ristretta e generale, Modello Standard, Stelle di neutroni, Buchi Neri, Radiazione di fondo, Onde gravitazionali, Ipernove, Universo ed il tempo, grandi scienziati

Serie: Panoramica scientifica dell'Universo
https://amzn.to/2qEoRN7

Edizione italiana a colori

(Questo volume è anche disponibile in formato eBook su Amazon)

Ettore Accenti
Linkedin: Ettore Accenti
Blog: http://ettoreaccenti.blogspot.ch/
Link ai miei libri pubblicati: http://amzn.to/1YYcPaI

Ettore Accenti Publishing

Ettore Accenti
Astrofisica 1
Edizione italiana a colori (Rev. 2 gen 2019)

ISBN - 13: 978-1533050779   ISBN – 10: 1533050775

Copyright © 2016 ETTORE ACCENTI PUBLISHING

Dedica

A mia moglie Eva, che ha corretto il testo e fornito molti utili suggerimenti sul contenuto.

Ai miei dieci nipoti, con la speranza che leggano e che imparino anche ad amare l'Astrofisica e la Scienza in generale.

I nipoti in ordine per età decrescente: Nicola, Eddie, Lorenzo, Sara, Elia, Ethan, Giulia, Sofia, Emma e Gioele

L'autore

Fin dall'età scolare sono rimasto affascinato dal mistero insito nell'Astronomia e nell'Astrofisica e guardavo e fotografavo spesso il cielo notturno e tutto quell'infinito sfavillare di luci.

Questo amore per l'ignoto mi ha portato a soddisfare sempre la mia curiosità leggendo i libri di Astronomia che trovavo nella vecchia biblioteca di famiglia ed in particolare "L'Astronomia popolare" del 1885, scritta dal famoso astronomo francese Camillo Flammarion, che ancora conservo gelosamente.

Inoltre, durante i miei numerosi viaggi non perdevo occasione per visitare osservatori astronomici come Monte Palomar e musei scientifici.

Una laurea al Politecnico di Milano in ingegneria e poi una complessa famiglia e la mia attività come imprenditore nel mondo della tecnologia hanno limitato questo mio hobby che comunque non ho mai abbandonato.

Ora, con i quattro figli indipendenti, i dieci nipotini ben accuditi dai rispettivi genitori ed una moglie che si occupa delle cose di tutti i giorni, tra lo scrivere un libro di cucina ed un altro di archeologia ed eccezionale correttrice delle mie bozze, posso tranquillamente dedicarmi alla ricerca ed alla pubblicazione dell'oggetto della mia passione: l' Astrofisica.

Premessa

Cominciamo col definire di che cosa stiamo parlando: quale è la differenza tra Astrofisica ed Astronomia? La risposta più semplice è che l'Astrofisica studia la composizione ed il funzionamento del cosmo e delle sue parti, mentre l'Astronomia ne studia la "geografia".

Detto in altro modo, l'Astrofisica è la scienza che studia i fenomeni che si verificano sugli astri e negli spazi interstellari impiegando i metodi e le leggi della fisica e della chimica.

Inoltre l'argomento che tratteremo sfiora anche un'altra materia, la "Cosmologia", cioè la scienza che ha come oggetto lo studio dell'universo nel suo insieme, cercando di spiegarne l'origine e l'evoluzione anche con metodi propri della filosofia, metodi che risalgono addirittura ai Babilonesi e che toccano una moltitudine di teorie metafisiche e religiose, tutte volte a spiegare l'origine del mondo e dell'uomo.

La moderna Astrofisica affronta questioni da un punto di vista scientifico come lo intendiamo oggi e cioè con lo sviluppo di modelli utilizzando soprattutto lo strumento matematico e quindi verificandoli con la sperimentazione pratica grazie alla strumentazione che la tecnologia offre agli scienziati.

Oggi una buona parte dei modelli cosmologici sono mutuati, come vedremo, dalla fisica delle particelle, che determinano l'attuale nostra conoscenza di come dall'infinitamente piccolo si sia sviluppata l'immensa varietà di quanto vediamo nell'Universo.

Nel nostro racconto non potremo pertanto prescindere dalle conquiste scientifiche del ventesimo secolo, a partire dalla **relatività di Einstein**, per giungere alla **meccanica quantistica** ed infine al **modello standard** ed alle ultime teorie sulle **stringhe** e **super stringhe**.

La nostra Astrofisica diventa così la più ambiziosa delle materie scientifiche perché abbraccia argomenti profondi a cui gli antichi filosofi cercavano di dare risposte con la sola speculazione mentale e che oggi ha raggiunto incredibili vette di conoscenza, grazie ai mezzi tecnici e teorici di cui disponiamo.

Ogni supposizione, ogni ipotesi teorica viene continuamente verificata o confutata da prove sperimentali e la ricerca scientifica ha soppiantato la filosofia riuscendo a fornire all'umanità risposte verificate e verificabili: questa è l'Astrofisica moderna!

Nota

In questo libro appaiono alcune parti abbastanza tecniche e con qualche equazione matematica al solo obiettivo di completare l'argomento per lettori non completamente digiuni della materia.

Ho evidenziato con il carattere corsivo queste parti che comunque non sono indispensabili per la comprensione del testo, in modo che il lettore possa decidere autonomamente se leggerle o tralasciarle.

Sommario

Dalla fisica all'Astrofisica 13

Perché la matematica è fondamentale 15

Relatività ristretta 19

Relatività generale 23

Meccanica quantistica 27

Modello standard 33

Teoria delle stringhe e delle super stringhe 45

Il piccolo spiega il grande 51

Limite di Chandrasekhar 53

I Buchi Neri 63

Raggio di Schwarzschild 77

Radiazione di fondo o fossile 79

Onde gravitazionali 89

Nove, Supernove, Ipernove e GRB 105

L'Universo ed il tempo 119

Grandi scienziati 125

Stephen Hawking (1942 – vivente) 127

Paul Adrien Maurice Dirac (1902 – 1984) 129

Erwin Schrödinger (1887 – 1961)..131

Edwin Powell Hubble (1889 – 1953) 133

Albert Einstein (1872 – 1955)..135

Isaac Newton (1643 – 1727) 137

Galileo Galilei (1564 – 1642)..139

Niccolò Copernico (1473 – 1543) 141

Conclusione...143

Indice Analitico...145

Dalla fisica all'Astrofisica

La scienza che desidero trattare in questo volume ed in quelli che verranno non può prescindere dalla conoscenza di alcune teorie di fisica moderna.

Quella che fin dagli albori della civiltà costituiva l'astronomia visiva si è lentamente trasformata in una scienza basata sul calcolo e sulla ricerca di leggi, universali rappresentabili con formule matematiche.

L'idea che i corpi celesti possano essere soggetti a leggi della fisica risale al IX secolo, quando un matematico ed astronomo persiano, dallo strano nome **Abū Jaʿfar Muḥammad ibn Mūsā ibn Shākir**, propose proprio la teoria che esistessero leggi naturali a governare Terra e cielo.

Si devono agli islamici i primi sviluppi dell'astronomia verso la ricerca di regole matematiche che descrivono i movimenti dei corpi celesti ma il grande salto verso lo studio teorico di ciò che si muove in cielo fu compiuto in occidente nel XVI secolo da **Galileo** e **Copernico**.

Il periodo che poi va dal XVI al XIX secolo ha visto una numerosa schiera di astronomi impegnarsi nello scrutare l'Universo con sempre più potenti strumenti che hanno permesso di capire con alta precisione la meccanica dei movimenti delle stelle e dei pianeti.

E molti sono i nomi di quegli scienziati a cui dobbiamo eccezionali risultati, scienziati che oggi spesso ricordiamo solo perché i loro nomi vengono utilizzati per denominare comete, corpi celesti e satelliti artificiali, eccone alcuni: Keplero, Newton, Huygens, Cassini,

Halley, Bradley, Messier, Herschel, Lagrange, Fraunohfer, Leclerc, Piazzi, Wolf, Carrington, Airy, Kirchhoff, Secchi, Huggins, Lockyer, e molti altri.

Le cose sono profondamente cambiate nel XX secolo quando l'approfondito studio della materia e soprattutto della fisica delle particelle ha fatto fare un salto enorme alla comprensione di come le stelle si siano formate e con esse tutto l'Universo.

L'Astronomia così si allarga e diventa una scienza nuova che non si basa più solo sull'osservazione del cielo, ma che a questa aggiunge la ricerca di come quello che si vede sia nato e funzioni in base alle leggi che governano l'atomo.

Non solo la conoscenza dell'atomo viene a far parte dell'Astrofisica, ma anche le rivoluzionarie idee insite nelle due relatività di Einstein che hanno sconvolto la meccanica classica adattandola ai grandi spazi dell'Universo, alla velocità della luce ed alle poderose forze gravitazionali di cui l'Universo è pervaso.

Ecco che personaggi, geni della fisica e della matematica, come Einstein, Bohr, Dirac, Fermi, Hawking e una schiera di centinaia di altri partecipano allo sviluppo di quel mondo che prima era appannaggio esclusivo degli astronomi e che oggi si trasforma in una nuova scienza, l'Astrofisica, mondo che questo libro intende affrontare.

Quanto detto spiega perché i prossimi capitoli sono dedicati ad argomenti che fanno parte della fisica teorica e della matematica e la cui conoscenza è parte importante e propedeutica dell'Astrofisica.

Perché la matematica è fondamentale

Einstein diceva "come sia meraviglioso che l'uomo possa leggere la natura attraverso un linguaggio universale: la matematica", ed un altro grande scienziato della meccanica quantistica, **Paul Audrien Maurice Dirac**, affermò che "se Dio esiste è sicuramente un grande matematico".

Capisco come questo argomento possa sembrare fuori dal nostro contesto o che possa impaurire chi non è del mestiere, ma non è così ed è opportuno che, se si vuole comprendere che cosa significhino i modelli matematici che l'Astrofisica crea e modifica di continuo, dobbiamo preliminarmente affrontare questo argomento.

Ho personalmente intuito la potenza della matematica quando, studente liceale e neanche tanto bravo, ma appassionato di tecnologia e con l'hobby di fabbricare piccoli missili da sperimentare in campagna, mi sono imbattuto con alcune istruzioni tecniche che mi indicavano come calcolare le dimensioni del carburante da inserire nel mio piccolo missile che intendevo costruire.

Il calcolo richiedeva che inserissi in un'equazione di secondo grado opportuni parametri per calcolare come dimensionarlo.

Io continuavo a provare i vari parametri che volevo usare (peso, dimensioni, ecc.) e regolarmente l'equazione di secondo grado mi dava come risultato un numero immaginario.

Per chi non è fresco di scuola ricordo che la soluzione di una equazione di secondo grado ha una radice quadrata in cui compare una sottrazione ($b^2 - 4ac$) ed inserendo i parametri che volevo al posto di a, b e c continuava a risultare la radice quadrata di un numero negativo.

Sapendo che la radice quadrata di un numero è quel numero che moltiplicato per se stesso dà il numero dato, non poteva esistere un numero negativo che desse il numero dato per il semplice motivo che la moltiplicazione di due numeri identici, positivi o negativi, da sempre un numero positivo e mai il numero negativo di partenza.

Andando avanti negli studi avrei poi scoperto che la radice quadrata di un numero negativo dà quello che si chiama appunto numero immaginario.

Cercando di capire meglio quello strano risultato e leggendo meglio le istruzioni e con qualche difficoltà per interpretarle bene, comunque giunsi alla fine dei suggerimenti, in fondo all'opuscolo, in cui si diceva che, per evitare l'esplosione del missile, i parametri che dovevo inserire nell'equazione non erano arbitrari, ma dovevano avere certi valori se non volevo che tutto esplodesse.

Fu per me un lampo! Allora l'equazione mi aveva salvato! Se per la mia impazienza nel non leggere tutto avessi usato quei miei assurdi parametri sarebbe scoppiato tutto! Allora quella santa equazione col suo numero immaginario mi voleva dire che stavo facendo una grande cavolata estremamente pericolosa ...

Fu così che per la prima volta capii l'importanza della matematica o, come direi meglio oggi, come un modello matematico i cui presupposti, detti postulati o assiomi, sono stati verificati mi permettono di predire situazioni che altrimenti dovrei affrontare alla cieca.

A questo punto, e prima di procedere, dobbiamo rispondere ad un'altra fondamentale domanda che sento porre spesso soprattutto da parte degli studenti.

Ma se la matematica è uno strumento così perfetto e predittivo, perché mai continuiamo a correggere le varie teorie: perché tutta la meccanica classica creata da Galileo, soprattutto da Newton, poi Einstein l'ha completamente capovolta?

Perché oggi molti ritengono sbagliate le equazioni di Newton sulla gravità e dicono che quelle giuste sono solo le equazioni gravitazionali della teoria generale della relatività di Einstein?

In queste domande sta già la risposta che ho dato spiegando prima il mio problema del missile e cioè che non c'è nulla di sbagliato nelle teorie di Newton, anzi noi ancora oggi adottiamo quelle equazioni per i vari calcoli sulla Terra e persino per calcolare le orbite dei pianeti e le traiettorie dei satelliti artificiali.

Per chiarire questo fondamentale punto dobbiamo comprendere due concetti non così evidenti a prima vista e che sono:

1 - campo di validità di un modello

2 - ipotesi di partenza, postulati o assiomi.

Nei corsi di matematica, quando si studiano le funzioni, occorre dare due informazioni: l'equazione che descrive la funzione e l'intervallo, o campo, di validità.

Cosa significa questo? Che un modello matematico di un qualcosa, ad esempio la mia equazione di secondo grado come modello di quel missile, non era valida per qualsiasi arbitrario valore dei parametri (a,b, c) ma solo per certi valori al di fuori dei quali mi sarebbe scoppiato tutto.

Quindi, importantissimo, ogni modello che vedremo nel nostro percorso di Astrofisica è valido in base alle ipotesi di partenza e per ben precisi campi di valori.

Uscendo da quei valori o meglio, volendo allargare il campo di validità della teoria, quasi sempre dobbiamo cambiare modello o aggiustarlo.

Così, fino a che ragioniamo con velocità molto piccole rispetto alla velocità della luce, cioè le nostre velocità abituali, il modello e le equazioni di Newton sono largamente sufficienti, mentre se vogliamo calcolare oggetti che si muovono a velocità prossime a quelle della luce, il nostro Newton se ne va a farsi benedire e dobbiamo perciò ricorrere al più moderno Einstein ed alle sue equazioni.

Ma, ed è un grande ma, Newton non aveva affatto sbagliato, il suo modello era ed è validissimo, ma non usatelo al CERN per calcolare le traiettorie del protone!

Sfioreremo ora tre argomenti di fisica che citeremo spesso parlando di Astrofisica: **relatività ristretta, relatività generale e meccanica quantistica,** rimandando gli interessati ad approfondirli attraverso i numerosi testi disponibili.

Relatività ristretta

Nel 1905 **Einstein** ha pubblicato per la prima volta questa sua teoria che risolveva in un solo colpo alcune incongruenze della meccanica classica quando si aveva a che fare con le onde elettromagnetiche e con la luce che ne è una forma particolare.

Senza entrare nei dettagli che sono parte importante dei corsi di laurea in fisica, la teoria assume come punto di partenza (assioma) che **la velocità della luce sia una costante indipendente da qualsiasi sistema di riferimento**.

Attenzione qui, diciamo che Einstein "assume" questo non perché se lo sia sognato di notte, ma perché precisi esperimenti dimostravano che quel fatto non solo era l'unica spiegazione plausibile delle risultanze di misurazioni compiute in modo certo e ripetute, ma che una volta utilizzate come punto di partenza spiegavano molti fatti fino ad allora tutt'altro che chiari.

Applicando modelli matematici piuttosto complessi (calcolo tensoriale, ed altro) Einstein ne derivò alcune conseguenze veramente rivoluzionarie e sconvolgenti per quei tempi: innanzitutto il fatto che non fosse più possibile parlare di sistemi di riferimento privilegiati (Terra, stelle fisse, etere, ecc.), ma che tutto è relativo, sia lo spazio, sia il tempo. Addirittura spazio e tempo non potevano più essere considerati in modo separato: noi non viviamo in uno spazio tridimensionale dove misuriamo un tempo assoluto in modo indipendente ma, dice Einstein, **noi viviamo in uno spazio-tempo quadridimensionale dove spazio e tempo interagiscono fra di loro**.

Da quella modesta ipotesi della velocità della luce come costante ne sono derivate conseguenze straordinarie, come il fatto che la materia non può viaggiare alla velocità della luce e se un corpo viene accelerato, avvicinandosi alla velocità della luce l'energia che lo accelera si trasforma sempre più in massa e non in velocità.

Contemporaneamente, avvicinandosi alla velocità della luce, il tempo scorre sempre più lentamente per cui due individui che viaggino a velocità diverse vedono il loro tempo scorrere in modo diverso.

Grazie a questo ultimo risultato, possiamo sperare che un giorno si possano costruire astronavi così veloci che i passeggeri siano in grado di raggiungere pianeti di altre galassie lontani anche molti milioni di anni luce e tornare sulla Terra ancora giovani dopo pochi anni di viaggio ... trovandovi però i parenti deceduti ormai da milioni di anni.

E questa teoria ha dato origine e spiegazione alla **famosa equazione $E=mc^2$ che identifica la massa con l'energia** e che è alle fondamenta dello sviluppo dell'era atomica con tutte le sue implicazioni pacifiche e anche meno pacifiche.

L'Astrofisica, di cui ci occupiamo, sfrutta per le sue spiegazioni anche i risultati della teoria della relatività ristretta; per esempio siamo giunti a capire un mistero del nostro Sole che non faceva dormire gli scienziati del diciannovesimo secolo quando cercavano di calcolare quanto carburante brucia quel nostro astro ardente.

Con tutta la loro buona volontà nel considerare tutti i carburanti noti, carbone compreso, giungevano sempre ad un tempo di vita del Sole brevissimo, come si dovesse spegnere da un momento all'altro per esaurimento di ciò che bruciava.

Solo con l'equazione **$E=mc^2$** ci siamo tranquillizzati ... ed ora sappiamo che il nostro Sole probabilmente durerà altri 5 miliardi di anni prima di esaurire il suo carburante.

Approfondiamo un po' questa teoria per i più esperti limitandoci ai concetti ed alle formule fondamentali.

Il principio della relatività ristretta afferma che "le leggi della fisica sono invarianti rispetto alle trasformazioni di Lorentz nel passaggio da un sistema di riferimento inerziale ad un altro scelto arbitrariamente". Einstein con questa definizione si allontana dal concetto di trasformate galileiane, cioè dalle fondamenta della meccanica classica dove nelle equazioni non compariva la velocità della luce "C".

Nelle trasformate di Lorentz il tempo t di un osservatore che osserva un corpo che viaggia rispetto a lui alla velocità V , misurata da chi sta su quel corpo in movimento risulta essere:

$$t = \frac{t_0}{\sqrt{1 - V^2/C^2}}$$

Da questa equazione è facile comprendere che, se la velocità V è molto piccola rispetto alla velocità della luce. allora il denominatore dell'equazione diventa uguale ad 1 ed il tempo t dell'osservatore coincide con il tempo t_0 del viaggiatore, esattamente come la meccanica classica prevede ("dilatazione relativistica del tempo").

Se invece la velocità V aumenta di molto fino ad avvicinarsi a quella della luce allora il termine al denominatore tende a zero ed il tempo t dell'osservatore tende a crescere infinitamente rispetto al tempo t_0 di chi sta viaggiando alla velocità V: viaggiando su un'astronave quindi aumentando la sua velocità il tempo dei passeggeri rallenta rispetto al tempo dei parenti rimasti a terra.

La trasformazione di Lorentz non è altro che un procedimento matematico per esprimere con equazione questo risultato.

Nella trasformata galileiana al denominatore compare solo 1 e quindi non figura la velocità della luce o, se vogliamo esprimerci in modo moderno, la meccanica classica considerava la velocità della luce dipendente dal sistema di riferimento scelto e quindi, come per tutte le velocità dei corpi in movimento, anche quella della luce si doveva sommare alla velocità dell'oggetto che la emette.

Oggi sappiamo che se un'astronave viaggiasse anche ad una velocità altissima, diciamo a metà della velocità della luce, ed accendessimo un faro diretto in avanti, la velocità della luce che parte dal nostro faro non è una volta e mezza la velocità C, ma è sempre C, qualsiasi sia la velocità dell'astronave.

La teoria della relatività ristretta ha portato anche all'unificazione dei due principi sulla conservazione dell'energia e conservazione della massa, principi separati nella meccanica classica e che qui convergono in un unico principio più generale della conservazione della massa-energia, cioè il principio conserva la combinazione di massa ed energia e che l'una può quindi trasformarsi nell'altra soddisfacendo questo nuovo principio unificante.

Einstein poi, partendo dai presupposti visti, dimostra l'equazione vista prima e che definisce l'equivalenza tra massa ed energia nota ormai a tutti:

$$E = mC^2$$

Dove C, ricordiamolo bene, è l'enorme velocità della luce pari a 300.000 km/sec, per cui un chilogrammo di massa equivale a quasi 100.000 Terajoule che è l'energia elettrica che l'Italia consuma in un mese.

Detto in altro modo, forse più efficace, la bomba atomica di Hiroshima la sua energia l'ha ottenuta trasformando mezzo grammo di massa in potenza esplosiva ... ed oggi ci sono bombe H che possono trasformare in energia oltre 200 grammi di massa in un sol colpo e speriamo di non doverlo vedere in pratica!

Relatività generale

Questa seconda grande fatica del nostro Einstein pubblicata nel 1916 è un vero capolavoro di modello matematico. Il nostro scienziato ha impiegato 10 anni per venirne a capo ed è ricorso all'aiuto di matematici che se ne intendevano più di lui in quella materia.

Il secondo capitolo della relatività ha a che fare con la gravità, forza questa che è di importanza fondamentale per la nostra Astrofisica, capitolo che rivoluziona il nostro sapere tradizionale ben di più di quanto non lo faccia la relatività ristretta.

Incredibile a dirsi questa teoria studia un oggetto o meglio, una forza che è ancora un mistero ai giorni nostri: **la gravità**.

La gravità che è la forza più comune, la stessa che anche gli uomini delle caverne conoscevano bene ogni volta che cadevano per terra, è ancora allo stato di mistero tanto che nel modello standard, di cui tratteremo presto, non è nemmeno contemplata.

Eppure Einstein nella sua teoria ha descritto molto bene la gravità a tal punto che ha previsto quelle **onde gravitazionali** che, cercate per decenni, sono state scoperte solo ora mentre scrivo.

Ad onor del vero ho cercato più volte di approfondire questa teoria della relatività generale dal punto di vista matematico, ma quel poco di matematica universitaria di cui dispongo non mi ha consentito di andare molto lontano, per cui sono saltato direttamente alle conclusioni a cui questa teoria arriva, rinunciando a capirne le complesse dimostrazioni che richiedono strumenti matematici molto avanzati e non alla mia portata.

La teoria generale della relatività, nella sua più alta sintesi, descrive matematicamente come lo spazio-tempo modifica la massa e l'energia e come la massa e l'energia modifichino lo spazio-tempo.

Abbiamo quello che gli scienziati chiamano la "geometrizzazione dello spazio-tempo".

In pratica per l'Astrofisica la teoria generale della relatività stabilisce come **la massa interagisca con lo spazio-tempo e lo incurvi** costringendo gli oggetti che vi si muovono, luce compresa, a seguire delle linee, dette geodetiche, provocate dall'incurvamento dello spazio.

Così la Terra ruota intorno al Sole in una specie di catino, la luce che passa vicino al Sole viene incurvata e la luce che ci giunge dalle lontane galassie si muove non in linea retta, ma in uno spazio pieno di curve provocate dalle galassie che lo popolano.

Per l'Astrofisica e l'Astronomia questa teoria è quindi fondamentale e spiega le così dette lenti gravitazionali, effetti visivi creati da immense galassie frapposte tra noi ed altre galassie più lontane, lenti che consentono agli astronomi di vedere i bordi estremi dell'Universo.

Einstein ha impiegato dieci anni per completare la formulazione matematica della sua teoria ed ha dovuto superare enormi difficoltà e continui errori prima di giungere ad una equazione corretta.

Il punto di partenza della sua teoria nasce dalle numerose prove sperimentali che dimostrano come l'accelerazione dipenda solo dalla costante gravitazionale "g" e dalla massa.

Se prendiamo un corpo puntiforme, quindi di massa trascurabile rispetto a quella del pianeta, alla distanza "d" dal centro del pianeta di massa M, la sua accelerazione risulta:

$$a = g\frac{M}{d^2}$$

Inoltre Einstein ha osservato come un viaggiatore nello spazio in un'astronave soggetta ad una accelerazione costante subirebbe la stessa forza verso il fondo dell'astronave, come se l'astronave fosse ferma vicino ad un pianeta per effetto della gravità del pianeta.

Se l'astronauta non ha modo di vedere all'esterno non potrebbe capire dall'interno se l'astronave stia accelerando o se sia ferma ed immersa in un campo gravitazionale.

Partendo da questo ragionamento Einstein ha formulato l'importante "principio di equivalenza" che è alla base del "principio di relatività generale" e che afferma come le leggi della fisica siano invarianti rispetto a tutti i sistemi di riferimento. Grande generalizzazione della teoria della relatività ristretta vista in precedenza che invece afferma l'invarianza delle leggi solo rispetto a sistemi inerziali, cioè dotati di solo moto rettilineo uniforme.

Come conseguenza Einstein dimostra che la luce rispetto ad un sistema accelerato, ad esempio in presenza di una massa gravitazionale, non segue più una retta come vorrebbe la relatività ristretta, ma si incurva perché lo spazio si incurva per effetto della massa.

A questo punto Einstein si è proposto di calcolare come lo spazio si incurvi per effetto delle masse e questo lo ha ottenuto attraverso un'equazione di campo, detta appunto "equazione di campo di Einstein".

Questa equazione predice quindi quello che noi oggi conosciamo dei buchi neri, oggetti così massicci che l'equazione calcola come lo spazio si incurvi così tanto che nulla può sfuggirvi, nemmeno la luce.

Riporto qui a puro titolo di curiosità l'equazione finale di Einstein che riassume tutta la relatività generale e che Einstein utilizzò per verificare l'orbita esatta del pianeta Mercurio che, per effetto della curvatura dello spazio provocata dalla vicinanza col Sole, differiva, fino ad allora inspiegabilmente, da quella calcolata con le teorie classiche del moto dei pianeti:

$$R_{\mu\nu} - \frac{1}{2}g_{\mu\nu}R + \Lambda g_{\mu\nu} = \frac{8\pi G}{C^4}T_{\mu\nu}$$

Quest'equazione accoppia in modo meraviglioso la curvatura dello spazio-tempo con la materia-energia e vi compaiono gli operatori di un particolare calcolo vettoriale, detto tensoriale, la velocità della luce C, la costante cosmologica Λ che giustificherebbe l'espansione accelerata dell'Universo recentemente scoperta e la costante della gravitazione universale (G).

Dieci lunghi anni di studi e calcoli per giungere a questa breve equazione ... ma fidatevi, se non siete scienziati di fisica teorica o di matematica avanzata non tentate nemmeno di capirla!

Questa teoria sta da tempo creando non pochi grattacapi agli scienziati, perché da una parte si è dimostrata vera in moltissime prove pratiche e da un'altra parte non vuole conciliarsi con le moderne teorie della meccanica quantistica.

La scienza oggi si trova di fronte ad un bel dilemma: abbiamo due teorie perfettamente verificate, ottimamente predittive nei loro ambiti, ma che non si conciliano fra di loro, cioè non riescono a generare un modello matematico unico del tutto.

E così cosa fanno gli scienziati? Ne inventano di nuove una al giorno e poi litigano su quale sia la più credibile ...

Meccanica quantistica

Siamo sempre nell'introduzione, in quella parte che l'autore doverosamente deve toccare preliminarmente perché è un argomento molto citato nel seguito ed il cui alone di mistero è meglio eliminare subito, anche se molto resta ancora da scoprire infatti il CERN di Ginevra sta implementando nuovi interessanti esperimenti.

Simbolo del CERN di Ginevra, centro dove il più grande acceleratore del mondo (LHC) raggiunge energie prossime a quelle sviluppatesi all'origine del Big Bang, permettendo agli scienziati di indagare come era l'Universo quando è nato.

Entriamo nel mondo dell'ultra piccolo, di come funzionano i componenti fondamentali della materia, cerchiamo le leggi che governano il moto delle particelle e le forze che li governano.

E' un percorso affascinante e la teoria che oggi definiamo quantistica è iniziata negli anni venti del secolo scorso, quindi dopo le grandi conquiste teoriche di Einstein, e che anche in questo caso sono nate per dare una spiegazione logica a fenomeni che da tempo si sperimentavano senza capirne la natura profonda, fenomeni che erano in contrasto con le teorie precedenti. Parliamo della radioattività, del movimento degli Elettroni nell'atomo e in genere, di tutto quello che si cominciava a sperimentare nell'ambito delle onde elettromagnetiche e della natura della luce di cui ne fa parte.

Lo stesso Einstein in quest'ambito pubblicò nel 1905 un articolo che riguardava i fenomeni fotoelettrici, lavoro che, riprendendo concetti del fisico tedesco Planck, dimostrava come la luce consistesse in corpuscoli elementari che interagendo con i metalli ne strappavano dagli atomi gli Elettroni. Molti anni dopo quei corpuscoli si sarebbero chiamati **fotoni**. E' per questa ricerca che Einstein meritò il premio Nobel nel 1921 e non per la teoria della relatività come molti credono ed è ancora oggi considerato un primo e grande contributo alla nascente meccanica quantistica.

In questo paragrafo riassumeremo gli elementi più importanti di una teoria che, se abbiamo considerato le due sulla relatività viste prima ben lontane dalla nostra intuizione diretta, con la meccanica quantistica ed i suoi risultati tocchiamo l'apice di quello che il senso comune non si aspetterebbe. E' proprio così, il mondo atomico e le sue leggi sono il massimo dell'assurdo per quanto noi conosciamo e vediamo nella nostra vita quotidiana.

Basti pensare al **"principio d'indeterminazione di Heisenberg"**, una delle leggi fondamentali della meccanica quantistica. Questa legge dice che è impossibile conoscere nello stesso momento dove si trova una particella atomica e la sua velocità.

Attenzione, qui non si tratta di una impossibilità dovuta alla limitatezza degli strumenti di cui si dispone, ma di una legge della natura che riguarda il mondo subatomico con tutta una serie di conseguenze apparentemente pazzesche, ma che si sono dimostrate vere in molti esperimenti.

Quando scendiamo in quel mondo piccolissimo spariscono i nostri concetti fondamentali di luogo, corpo, tempo ecc., e se vogliamo conoscere la velocità di quella particella misurandola con precisione, allora la particella può trovarsi in quell'istante in un qualsiasi punto dell'Universo.

Da qui discendono teorie esotiche come l'**entanglement quantistico**, che afferma la possibilità di correlare tra loro quantità di due particelle distanti fra loro in modo che, influenzandone una, si determini istantaneamente un cambiamento nell'altra.

La fantascienza si potrebbe sbizzarrire, sperando di aver trovato la comunicazione istantaneamente, ma la teoria stessa toglie questa speranza, perché con l'entaglement si dimostra non potersi trasmettere informazioni ... almeno per quanto ne sappiamo oggi.

In Astrofisica hanno importanza le leggi che la meccanica quantistica ha modellato per le tre forze fondamentali che legano insieme l'atomo: **la forza forte** (nome molto originale ... *commento ironico dell'autore*), **la forza debole** e la **forza elettromagnetica**.

Per la forza di gravità la meccanica quantistica non dice molto, anche se il famoso **Bosone di Higgs**, recentemente scoperto al CERN di Ginevra, conferma che all'origine si formò un così detto campo di Higgs che ancora pervade tutto l'universo e che ha dato massa alle particelle come le ritroviamo noi oggi, quindi a quel campo si devono le masse che originano le onde gravitazionali e la nascita degli sfuggenti **gravitoni**, particelle portatrici della forza di gravità.

In breve, "**la massa di qualsiasi particella è l'interazione delle particelle stesse con il campo di Higgs**".

CERN di Ginevra. Recente visita dell'autore di fronte al rivelatore di particelle, aperto per manutenzione, ed in cui è stato eseguito l'esperimento ATLAS che ha portato alla scoperta del Bosone di Higgs nel 2012.

Mancano infatti all'appello i così detti gravitoni che dovrebbero essere le particelle, previste dalla teoria, ma che ancora nessuno ha trovato.

Perché la conoscenza di tutte le particelle fondamentali e delle leggi che regolano le quattro forze sono così importanti per l'Astrofisica?

Semplice: è da esse che dipende l'evoluzione delle stelle e dell'Universo e con questi elementi si è costruito un modello matematico, il **modello standard**, che descrive l'Universo conosciuto.

Vedremo infatti come gli scienziati con questi strumenti matematici siano riusciti a descrivere la vita delle stelle dalla loro nascita alla loro fine.

Inoltre hanno creato il modello di come si è evoluto l'Universo da un istante dopo il **Big Bang** fino ad oggi.

Con le stesse equazioni si sono fatte previsioni abbastanza credibili su come l'universo si evolverà e quanto vivrà ancora il nostro Sole ... pare almeno altri 5 miliardi di anni, per cui possiamo stare tranquilli, se i calcoli sono esatti.

Prima di passare al prossimo paragrafo che descriverà il modello standard indaghiamo un po' più in dettaglio sull'aspetto della **fisica dei quanti**.

La principale varianza rispetto al nostro sapere comune introdotta dalla meccanica quantistica è la **dualità onda-particella**. I nostri sensi ci informano che la materia che ci circonda è chiaramente fatta da un complesso di elementi tangibili come la massa, la forma, ecc.

Ebbene, se sprofondiamo nel microcosmo, tutto diventa etereo, il corpuscolo è un qualcosa che è contemporaneamente materia ed onda, diventa un oggetto inafferrabile, evanescente ed entriamo in un mondo dove le certezze diventano incertezze e probabilità.

Riusciamo ad afferrarne l'essenza solo con l'aiuto della matematica che calcola i vari aspetti tecnici e ci rassicura sulla possibilità di prevederne i comportamenti, ma ... non cerchiamo di capirli con la nostra intuizione abituata alle cose di tutti i giorni, vediamo come il tutto funziona, e affidiamoci al fatto che ciò che leggerete è stato riscontrato da una miriade di esperimenti.

La prima descrizione matematica di quanto stiamo dicendo la si deve allo scienziato austriaco **Erwin Schrödinger,** *che nel 1926 introdusse l'equazione d'onda che nella sua formulazione governa gli aspetti quantistici della materia soddisfacendone anche l'aspetto ondulatorio.*

Grazie a lui fu possibile giustificare la supposizione dello scienziato **Bohr,** *che aveva prefigurato la forma planetaria dell'atomo dove elettroni carichi negativamente ruotano intorno ad un nucleo carico positivamente.*

Secondo la fisica classica gli elettroni avrebbero dovuto rapidamente concludere la loro rotazione e cadere nel nucleo per cui Bohr concluse, in maniera un po' poco scientifica senza darne una spiegazione, che questo non accadeva perché gli elettroni potevano solo occupare ben precise orbite,.

E' stata la **dualità onda-corpuscolo** *e l'***equazione d'onda** *di Schrödinger a risolvere l'arcano dimostrando che, se l'elettrone ruota intorno al nucleo come onda, la sua lunghezza d'onda dipende dalla velocità di rotazione e come la lunghezza dell'orbita dipenda a sua volta da un numero intero di volte della lunghezza d'onda.*

Le orbite consentite dalla teoria di Bohr sono quelle in cui l'onda ruotando ha sempre negli stessi punti l'ampiezza massima e l'ampiezza minima, altrimenti si annullerebbero.

Cioè se le orbite non sono pari ad un numero intero di volte la lunghezza d'onda dell'elettrone, l'elettrone non può esistere come onda perché negli atomi, anche in elementi molto complessi, solo alcune orbite sono permesse.

L'equazione d'onda va intesa anche sotto l'aspetto probabilistico nel senso che fornisce la probabilità di trovare una particella nello spazio o, meglio, la probabilità del risultato di una sua misurazione.

Come abbiamo fatto in precedenza per soddisfare la curiosità, ecco la bella equazione d'onda nella sua formulazione originale con il consiglio di non perdere tempo per cercare di capirla:

$$i\hbar \frac{\partial}{\partial t} \Psi(r,t) = H\Psi(r,t)$$

In questa equazione compare il punto r nello spazio tridimensionale, la funzione d'onda Ψ, la costante ℏ (costante di "Planck tagliata" = h diviso 2π) e un complesso operatore quantistico H (operatore hamiltoniano).

Oltre a questa equazione d'onda ed al **principio d'indeterminazione di Heisenberg**, la meccanica quantistica si avvale anche del **principio di sovrapposizione**.

Si tratta di un postulato che prevede, in certe condizioni, la sovrapponibilità di diverse funzioni d'onda rappresentative di sistemi reali di modo che se ne possa prevedere il risultato globale, calcolandone una alla volta.

La teoria si è molto sviluppata nel secolo scorso e scienziati da premio Nobel come Bohr, Dirac, De Broglie, Fermi, Oppenheimer, Feynman e molti altri, hanno costruito un gigantesco sistema teorico che, con esperimenti costosissimi e vaste ricerche hanno consentito di giungere ad un modello cosmologico matematico che, seppure ancora incompleto, sta alla base di tutta l'Astrofisica: il **modello standard**.

Modello standard

Viste le teorie della relatività e della meccanica quantistica possiamo ora trattare quello che gli scienziati hanno chiamato, ancora con poca fantasia, "**modello standard**", cioè un insieme di equazioni matematiche rappresentative del funzionamento dell'intero Universo partendo dai suoi costituenti più piccoli e dalle forze che li governano.

Il modello, ampiamente verificato da numerose prove sperimentali, parte da un piccolo istante dopo il Big Bang, istante detto **tempo di Planck (10^{-43} secondi)**, ricostruisce tutti gli eventi fino a noi oggi, dopo 13,7 miliardi di anni dall'inizio e riesce a prevederne lo sviluppo futuro per molti miliardi di anni, almeno se le ipotesi di fondo confermeranno di essere corrette.

La figura che segue mostra l'incredibile schema grafico che descrive visivamente lo sviluppo dell'Universo, come lo si ipotizza oggi in base al modello standard.

Scopriremo poi in dettaglio come si è arrivati a questo fantastico risultato, come la materia e le sue forze sono nate e interagiscano fra di loro, anticipando che, nonostante oggi molto si sappia, comunque moltissimo resta ancora da scoprire.

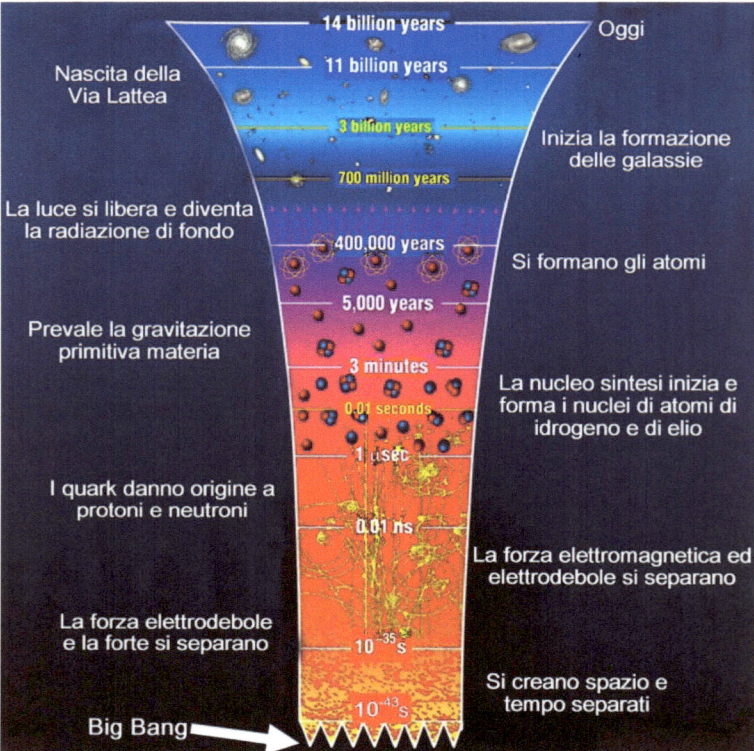

Rappresentazione secondo il modello standard della storia dell'universo dal Big Bang ad oggi nei suoi 14,7 miliardi di anni di vita

Cominciamo con la materia così come la si studia nelle scuole dove vengono insegnati i 92 elementi che la compongono, partendo dal più semplice l'idrogeno per finire con l'uranio.

Il primo elemento della così detta scala di Mendeleyev è proprio quell'idrogeno che è stato il primo elemento sintetizzato dalla natura circa 400 mila anni dopo il Big Bang e che ancora oggi è dominante nell'Universo ed il principale carburante in tutte le stelle.

Questo elemento è il più semplice, costituito da un solo protone ed un solo elettrone come indicato nella figura che segue, figura che riporta anche i suoi principali parametri ed isotopi.

Modello standard

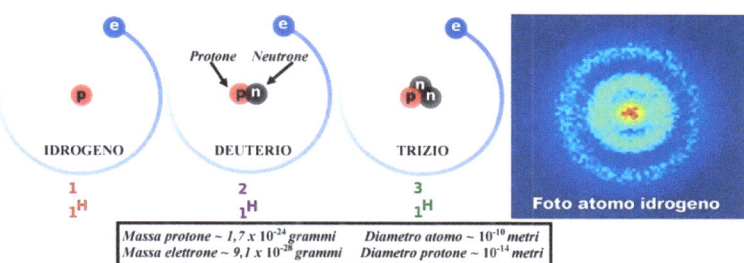

Atomo d'idrogeno costituito da un protone ed un elettrone che gli ruota intorno.
Dispone di 2 isotopi: deuterio e trizio

Il protone è molto più massiccio dell'elettrone, circa 2.000 volte di più, quindi la massa dell'atomo dell'idrogeno è praticamente concentrata nel suo nucleo: questo ragionamento vale anche per tutti gli altri elementi.

Poiché nel mondo atomico si usa pesare le masse utilizzando il principio dell'equivalenza tra energia e massa, si trova che la massa del protone è pari a circa 0,9 GeV (Gigaelettronvolt).

Nota tecnica: con questa notazione sulla misura della massa delle particelle si è convenuto per semplicità di trascurare il denominatore della misura che in realtà dovrebbe essere c^2, cioè il quadrato della velocità della luce, quindi la vera massa in elettronvolt del protone è:

$$massa\ protone = \frac{0{,}9}{c^2} 10^9\ elettronvolt = \frac{0{,}9}{c^2}\ GeV \equiv 0{,}9\ GeV$$

dove c^2 è un numero enorme per cui l'energia del protone, che misura la sua massa, è un numero ovviamente piccolissimo.

Questo stesso metodo di misurare la massa con elettronvolt viene utilizzato per tutte le particelle atomiche.

Un altro dato da sapere è come gli atomi siano essenzialmente composti da vuoto infatti, sempre riferendoci all'atomo di idrogeno, il protone misura circa 10^{-15} metri di diametro, mentre l'atomo misura 10^{-10} metri di diametro, per cui l'atomo è praticamente 10.000 volte più grande del nucleo dove si concentra la massa dell'atomo stesso.

Questi ordini di grandezza non cambiano neanche per gli atomi più pesanti e quindi si capisce da questo fatto il perché le stelle di neutroni, di cui parleremo in un prossimo capitolo, concentrando tutta la materia nel nucleo, si riducano a qualche chilometro di diametro partendo da stelle anche più grandi del Sole.

Inoltre, nella fisica atomica si è introdotta una nuova misura per le distanze atomiche che viene chiamata "**fermi**", dal nome dello scienziato italiano e rappresenta la dimensione del diametro di un protone, quindi abbiamo circa:

$$1 \text{ fermi} = 10^{-15} \text{ metri}$$

In sostanza la nostra materia ordinaria, detta **adronica**, è praticamente costituita da vuoto.

Negli atomi più pesanti dell'idrogeno, a partire dall'elio, nel nucleo compaiono anche i neutroni, particelle essenziali per tenere insieme i protoni che altrimenti, essendo caricati positivamente, si respingerebbero distruggendo l'atomo.

Contrariamente a quanto si credeva nella prima metà del secolo scorso, i protoni ed i neutroni non sono particelle elementari, mentre lo sono gli elettroni.

In altre parole è possibile spaccare il protone ed il neutrone ed andare a vedere cosa c'è dentro mentre, per quello che si sa oggi, questo non è possibile per l'elettrone che quindi è una particella elementare.

Ma come si possono spaccare, ad esempio, i protoni per analizzarne il contenuto? Si deve ricorrere a potentissime macchine, come il Large Hadron Collider (LHC) del CERN di Ginevra, dove grazie alle enormi energie utilizzate si riesce a far scontrare protoni lanciati ad una velocità prossima a quella della luce, scontri con una potenza tale da creare le condizioni della materia a tempi molto vicini a quelli del Big Bang e così far schizzare fuori miriadi di particelle che non esistono più oggi e la cui esistenza è stata solo prevista teoricamente.

Modello standard

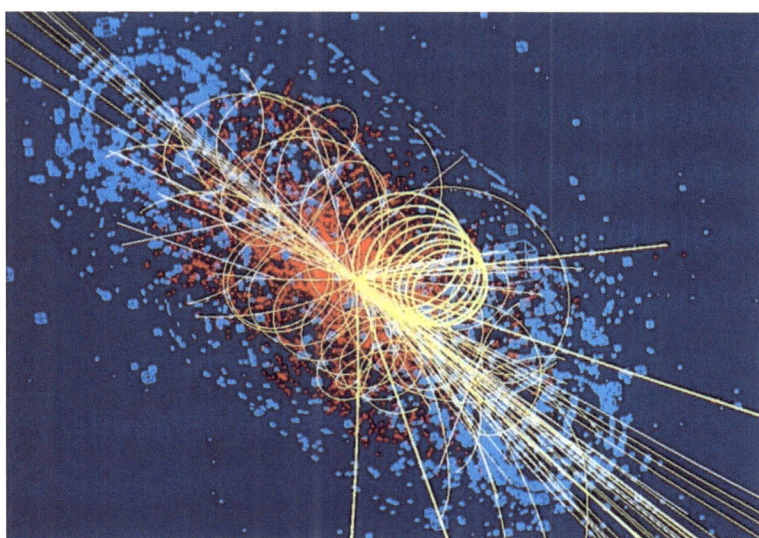

Simulazione di uno scontro tra protoni al CERN. Si generano una quantità enorme di particelle subatomiche di cui in pochi istanti si raccolgono milioni di fotografie che poi vengono analizzate dagi scienziati anche in anni di metodico lavoro.

Queste particelle create artificialmente rimangono in vita per brevissimo tempo, anche solo miliardesimi di secondo, tempi comunque sufficienti per essere fotografate e poi analizzate.

Nel rivelatore CNS del CERN si è raggiunta una velocità dei protoni pari a 0,999999 volte la velocità della luce e, da un loro scontro nel 2012 si è riusciti ad individuare anche il famoso Bosone di Higgs, particella che è esistita solo all'origine del nostro universo.

Utilizzando queste sofisticate tecniche conosciamo da molti anni come sono fatti i protoni ed i neutroni, cioè abbiamo scoperto le particelle elementari che li compongono e le forze che con queste particelle elementari interagiscono.

Si sa oggi che il protone è composto da 2 quark-up e da 1 quark-down ed il neutrone da 2 quark-down ed 1 quark-up.

Quindi i componenti dei nuclei atomici, neutroni e protoni, contengono ciascuno 3 quark e la loro combinazione dà origine ad una particella neutra e ad un'altra caricata positivamente.

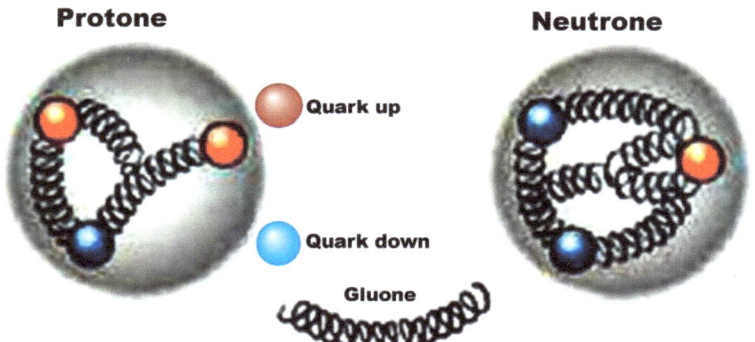

Quark-up e quark-down, uniti da gluoni, formano protoni e neutroni

Per chiarire la complessa nomenclatura che gli scienziati utilizzano per "confondere" le idee a noi, umili mortali, cito subito che **la materia reale che ci circonda, materia adronica (le cui particelle sono dette adroni), è stata divisa in materia barionica (quella con 3 quark dentro) e materia mesonica (con soli 2 soli quark dentro).**

In sostanza i neutroni ed i protoni sono **barioni**, sono cioè la materia come noi la vediamo.

I mesoni, con soli 2 quark, sono particelle molto instabili ed esistono solo nei raggi cosmici e negli acceleratori di particelle per decadere rapidamente in altre particelle..

Prima di confonderci troppo con tutti questi strani nomi vediamo lo schema conclusivo e fondamentale delle particelle elementari a cui ci porta il modello standard e che dovremo sempre tenere presente in tutte le teorie che riguardano le stelle e le galassie, quando tratteremo della loro formazione e dei loro collassi.

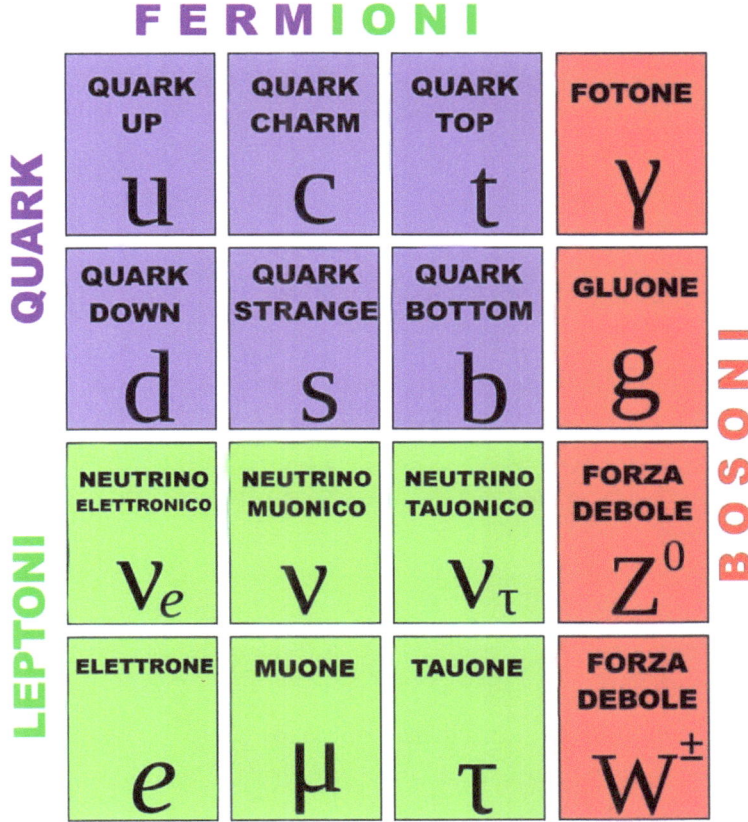

Modello standard: la grande sintesi dei costituenti elementari della materia. I fermioni sono le particelle fondamentali che costituiscono la materia, i bosoni sono le particelle che trasportano le forze che legano insieme i fermioni.

In questo schema compaiono le particelle fondamentali che stanno alla base di tutta la materia e che, nelle varie combinazioni e con le diverse forze che vi interagiscono, fanno esistere tutto quello che ci circonda, noi stessi inclusi.

Occorre notare che la materia, così come noi la vediamo in natura, è costituita solo dalle particelle della prima colonna a sinistra, cioè **quark-up, quark-down, neutrini elettronici ed elettroni**.

Nella materia ordinaria troviamo i quark-up e quark-down che formano neutroni e protoni costituenti dei nuclei atomici che si completano con gli elettroni che ruotano intorno al nucleo.

I neutrini sono particelle molto sfuggenti e con massa trascurabile ma pare che invadano tutto l'universo e qualcuno sussurra che potrebbero essere la materia oscura tanto cercata dagli scienziati.

Tutto il resto noi lo possiamo riscontrare solo nelle collisioni nei grandi acceleratori e nei raggi cosmici, come risultato di immani esplosioni celesti.

Ciò non toglie che ad un certo punto dello sviluppo dell'universo, partendo dal Big Bang, anche tutte le altre particelle abbiano avuto il loro momento di grazia, persino lo sfuggente bosone di Higgs che, seppure non compaia ancora nello schema qui sopra, oggi siamo certi che agli inizi del tempo abbia avuto il non modesto compito di dare massa a tutto il resto.

Tornando alla figura vista, i 12 **Fermioni** rappresentano le particelle vere e proprie, mentre i 4 bosoni rappresentano le particelle che trasportano le 3 forze che agiscono all'interno dell'atomo.

Notiamo subito che qui non figurano i gravitoni, particelle bosoniche previste, ma mai trovate e che dovrebbero trasportare la forza di gravità.

Comunque la forza di gravità a livello atomico è estremamente debole, addirittura meno di 10^{-40} volte della forza elettromagnetica e quindi la sua influenza si fa sentire solo su grandissima scala.

I quark che compaiono nello schema hanno dimensioni dell'ordine della millesima parte del protone, ammesso che di dimensione si possa parlare in quel mondo evanescente.

Vi sono importanti parametri che definiscono le proprietà di tutte queste particelle che sono:

- *Massa espressa in elettronvolt.*
- *Carica elettrica espressa in unità e frazioni di unità.*
- *Spin, ovvero numero quantico che definisce il momento angolare.*

La combinazione di questi parametri danno origine alle caratteristiche degli elementi che costituiscono l'atomo. Ad esempio la combinazione dei parametri di spin e di carica dei 3 quark che compongono il protone gli forniscono la carica positiva, mentre quelli del neutrone si combinano in modo che la carica risultante sia neutra.

L'argomento di questa fisica subatomica è abbastanza vasto e consiglio gli interessati di consultare i testi specializzati, mentre per la nostra Astrofisica è sufficiente sapere quanto citato.

Dobbiamo ora considerare i bosoni, cioè quelle particelle che trasmettono all'interno dell'atomo la forza forte, la forza debole e la forza elettromagnetica.

Parliamo del **fotone**, forse la particella più nota al mondo per la sua caratteristica di portare le immagini al nostro occhio ed alla nostra macchina fotografica.

Questa particella fu scoperta all'inizio del secolo scorso e già Planck ne individuò la doppia identità di onda e corpuscolo nel lontano 1900, subito seguito dall'articolo di Einstein nel 1905 sull' interazione dei fotoni con la materia.

Il gravitone, analogamente al fotone, anche se non ancora scoperto, dovrà far parte dei bosoni in quanto particella questa responsabile del trasporto della forza gravitazionale.

Analogamente il **gluone** è il portatore della forza forte, quella che tiene insieme i protoni del nucleo soverchiando la repulsione della forza elettromagnetica che vorrebbe che i protoni si respingessero.

Questa è veramente una forza molto forte per cui gli scienziati, sempre con poca fantasia, ne hanno chiamato il trasportatore "gluone" dall'inglese glue, che vuol dire colla.

In realtà il gluone agisce sui quark ed è talmente forte, che quando si spaccano il protone ed il neutrone nel collasso delle stelle supergiganti, probabilmente esso è all'origine del buco nero ... una bella forza, non c'è che dire!

La forza debole è trasportata dagli altri due bosoni, il bosone W ed il bosone Z ed opera praticamente tra tutti i leptoni ed è all'origine del decadimento radioattivo della materia.

Con questo abbiamo concluso la descrizione delle 16 particelle che compongono l'attuale modello standard. Come detto, mancano all'appello il **Bosone di Higgs** previsto dalla teoria e trovato pochi anni fa, ed il gravitone con la sua forza di gravità.

Nonostante tali mancanze questo modello, insieme a tutte le equazioni che ne compongono la struttura, è in grado di descrivere con matematica precisione il nostro **universo** e le molte osservazioni oggi possibili ne confermano la validità.

Le moderne teorie introducono concetti di simmetria e supersimmetria, argomenti che hanno a che a fare con l'unificazione delle forze risalendo indietro nel tempo ed avvicinandoci al Big Bang.

Con certe energie si rompono le simmetrie e le forze si uniscono; così la forza debole e quella elettromagnetica si unificano formando la forza elettrodebole ad energie superiori ai 200 GeV, cioè a tempi molto vicini al Big Bang.

Recentemente si è unificata anche la forza forte e quella elettrodebole avvicinandosi sempre più all'istante del Big Bang.

Forse un giorno si unificherà anche la forza di gravità con le altre, ma sembra che questa possibilità teorica sia ancora molto lontana.

Concludendo questo capitolo sul modello standard non possiamo fare a meno di dare un'occhiata anche all'equazione che la governa, la comprensione della quale consiglio caldamente di lasciarla agli scienziati del mestiere.

$$\mathcal{L}_{SM} = \underbrace{-\frac{1}{4}W_{\mu\nu} \cdot W^{\mu\nu} - \frac{1}{4}B_{\mu\nu}B^{\mu\nu} - \frac{1}{4}G^a_{\mu\nu}G^{\mu\nu}_a}_{\text{kinetic energies and self-interactions of the gauge bosons}}$$

$$+ \underbrace{\bar{L}\gamma^\mu(i\partial_\mu - \frac{1}{2}g\tau \cdot W_\mu - \frac{1}{2}g'YB_\mu)L + \bar{R}\gamma^\mu(i\partial_\mu - \frac{1}{2}g'YB_\mu)R}_{\text{kinetic energies and electroweak interactions of fermions}}$$

$$+ \underbrace{\frac{1}{2}\left|(i\partial_\mu - \frac{1}{2}g\tau \cdot W_\mu - \frac{1}{2}g'YB_\mu)\phi\right|^2 - V(\phi)}_{W^\pm, Z, \gamma \text{ and Higgs masses and couplings}}$$

$$+ \underbrace{g''(\bar{q}\gamma^\mu T_a q)G^a_\mu}_{\text{interactions between quarks and gluons}} + \underbrace{(G_1\bar{L}\phi R + G_2\bar{L}\phi_c R + h.c.)}_{\text{fermion masses and couplings to Higgs}}$$

Equazione completa del modello standard

Questa equazione è considerata una così importante conquista dai fisici che è diventata anche oggetto di merchandising.

Al CERN di Ginevra si possono acquistare oggetti come bicchieri, magliette ed altro, che la riportano impressa.

Equazione semplificata del modello standard sulle magliette distribuite al CERN

Due parole sullo spazio vuoto dal punto di vista quantistico, ossia il "**vuoto quantistico**", vuoto la cui importanza scopriremo studiando i buchi neri.

Nel nostro mondo quotidiano riteniamo che sia possibile creare ovunque il vuoto semplicemente togliendo da un certo spazio tutta la materia contenuta, aria inclusa. Questo vuoto è quello che definiamo come "**assenza di materia**" o, in termini scientifici "**assenza di materia adronica**".

Per il mondo quantistico le cose non sono così semplici; l'assenza di materia non significa che questa non si possa creare e sparire istantaneamente.

Si è infatti previsto e poi verificato che nel vuoto assoluto si creano continuamente coppie di particelle di segno opposto che poi si annichiliscono subito. Il vuoto quindi è pieno di particelle che compaiono e scompaiono in tempi non osservabili da noi umani, ma di cui possiamo constatarne gli effetti.

Stephen Hawking ha dimostrato teoricamente che, proprio per effetto di questo vuoto quantistico, i buchi neri non sono eterni ma che, catturando al loro orizzonte degli eventi una parte della coppia di particelle che si generano dal nulla, il buco nero lascia andar via l'altra parte e praticamente, col tempo, il buco nero è come se evaporasse.

Vedremo questo argomento in dettaglio nel capitolo dedicato ai buchi neri, comunque questa energia del vuoto quantistico sta avendo importanti implicazioni sul nostro concetto di Universo e su certi misteri come l'accelerazione dell'espansione dell'Universo e la materia oscura.

Abbiamo ormai scoperto tutto? Siamo così giunti ad un risultato conclusivo? Siamo noi oggi in possesso finalmente della chiave conoscitiva del Tutto? Possiamo tranquillamente accontentarci di ciò che sappiamo? L'Astrofisica e quanto leggeremo anche in queste righe, sarà un risultato inconfutabile e definitivo? La risposta è NO, assolutamente no.

Più approfondiamo la nostra conoscenza, più miglioriamo i nostri strumenti indagatori e più scopriamo che, al di là di quello che sappiamo esiste una realtà sconosciuta, un qualcosa di imprevisto ed imprevedibile.

La storia infinita della ricerca continua e continuerà forse per sempre e saremo costretti a modificare i nostri modelli continuamente od a crearne di nuovi.

Così oggi si indaga verso **l'istante iniziale**, ancora lontanissimo da noi in termini concettuali, si parla di **multiuniversi**, di spazi a 10 e più dimensioni, di tempo e spazio come soggetti a noi ancora ignoti nella loro essenza … ma tranquilli, la storia infinita della conoscenza ci riserverà molte interessanti sorprese ancora per molto!

Teoria delle stringhe e delle super stringhe

Cercare di risolvere l'inconciliabilità tra la meccanica quantistica e le teorie relativistiche di Einstein è un incubo che i fisici si portano avanti da oltre mezzo secolo.

Una delle strade a cui si è pensato nel secolo passato è stata quella di cambiare alcuni concetti su cui quelle teorie si basano, modifiche che hanno dato origine dapprima alla **teoria delle stringhe** per poi modificarsi nella **teoria delle super stringhe**.

Probabilmente qualche lettore esperto o che comunque abbia avuto modo di leggere qualcosa su questo argomento si sarà chiesto come mai, in questa parte del primo libro della serie sull'Astrofisica, l'autore intenda trattare un argomento che già dal solo titolo appare alquanto astruso.

Ed in effetti non è certo semplice sviluppare un argomento di fisica teorica su cui gli scienziati stanno discutendo da qualche decennio, senza essere ancora oggi giunti ad una conclusione.

Il motivo di questa scelta è semplice: mi sono prefisso di non lasciare nel completo mistero nessun argomento che riguardi quella fisica che ha riflessi sulla nostra Astrofisica, soprattutto se l'argomento è stato in qualche modo portato alla conoscenza del pubblico da articoli o trasmissioni televisive, spesso in modo corretto ma a volte fuorviando l'ascoltatore od il lettore con aggiunte fantascientifiche od interpretazioni che nulla hanno a che fare con la realtà di queste teorie.

E la teoria delle stringhe fa proprio parte di quell'area della fisica teorica che ha indotto molti autori, al di fuori del mondo accademico, a trattarla e spesso a darle un valore reale che non ha ancora.

Prima di addentrarci in questa nuova fisica subatomica dobbiamo fare qualche considerazione di fondo che ci consente di rendere meno misteriose le sue ipotesi di partenza.

Dobbiamo cioè fare un salto indietro a quando a scuola ci sono stati insegnati i primi rudimenti di geometria, si, proprio quelli dell'antica Grecia, Euclide, Pitagora ecc., per intenderci.

Forse qualcuno ricorderà i postulati, o assiomi, su cui tutta quella geometria si basa e partendo dai quali si costruiscono una serie di dimostrazioni come quella del teorema di Pitagora, ecc.

Uno dei postulati più importanti della geometria euclidea afferma che "tra due punti qualsiasi può passare una ed una sola retta"!

E penso che tutti i lettori ritengano questo postulato di tutta evidenza. Se su un foglio di carta disegniamo due punti con una matita perfettamente appuntita e poi con una squadra da disegno vi tracciamo sopra una riga, intuiamo chiaramente che il postulato è vero, su quei due punti ci passa solo una retta.

Ma attenzione, nell'affermare quel postulato probabilmente a scuola non abbiamo pensato che sottostante ci stia un'importante ipotesi: perché quell'affermazione sia vera quei due punti non devono avere alcuna dimensione! E così pure la retta deve avere una sola dimensione, la lunghezza.

Ebbene, tutto quello che ci è stato insegnato a scuola sulla geometria euclidea ha in partenza questa considerazione ideale e che non corrisponde affatto alla realtà.

Infatti quei due punti disegnati sulla carta, per quanto noi si appuntisca bene la matita, avranno sempre tre dimensioni, uno spessore magari di solo qualche atomo e lunghezza e larghezza che, con una lente di ingrandimento, diventano chiaramente visibili.

Se quindi costruissimo una geometria non più basata su punti senza dimensioni e rette con una sola dimensione, cioè con una situazione che appartiene alla realtà, allora tutta la geometria euclidea non è più valida, per due punti passerebbero infinite rette, ecc. ecc.

E per dirla tutta, qualche matematico ha costruito una "**geometria quantistica**" partendo dall'ipotesi che il punto abbia dimensioni col risultato che, per esempio, la somma degli angoli interni di un triangolo non risulta più di 180 gradi ma "quasi di 180 gradi".

Premesso quanto sopra, veniamo alle nostre stringhe, che così non diventano più tanto strane, nel senso che ad un certo punto qualche fisico si è posto esattamente la domanda che ci siamo fatti sul punto geometrico. Ha pensato: "fino ad ora abbiamo creato una struttura teorica della fisica del mondo basando le equazioni sull'ipotesi di punti senza dimensioni, struttura che funziona perfettamente in certi ambiti, esattamente come la geometria che si studia a scuola, ma se ora in quelle equazioni cambiamo le ipotesi e diciamo che quei punti hanno una dimensione, che cosa succede alla teoria?"

Ecco che così si costruisce una nuova teoria i cui risultati possono essere rivoluzionari rispetto alla precedente e magari conciliarsi meglio con la realtà dove la vecchia teoria trovava delle contraddizioni.

Modificando quell'ipotesi iniziale e dando una dimensione a ciò che prima non ne aveva è nata una fisica delle particelle tutta nuova che ha portato a dei risultati a volte interessanti e che si conciliano con la realtà. Altre volte sicuramente in contraddizione con certe verifiche, per cui in quasi cinquanta anni si è passati da momenti di grande eccitazione ad altri di profondo pessimismo ed oltre alla creazione delle teoria delle stringhe semplici si è passati alle super stringhe e ad altre strane forme subatomiche di cui ancora oggi non si vede la conclusione.

Venendo alla teoria delle stringhe, fin dagli anni settanta del secolo scorso i teorici hanno cercato di conciliare la relatività generale con la meccanica quantistica ed in particolare di inserire l'importante principio di indeterminazione nella nuova teoria sulla gravitazione di Einstein.

Anticipo subito che nonostante tutti gli sforzi di eminenti scienziati, la cosa a tutt'oggi non è ancora riuscita.

Sia chiaro che stiamo parlando di conciliare le due teorie dal punto di vista matematico a cui poi sarebbero dovuti seguire gli esperimenti per verificarle nella realtà.

E' così che negli anni ottanta, alcuni scienziati hanno pensato di introdurre nuove teorie basandosi su un'ipotesi completamente nuova. Come abbiamo spiegato nella premessa di questo capitolo, si sono detti: che cosa succede alle nostre equazioni se anziché considerare le particelle elementari come puntiformi, cioè senza alcuna dimensione, ipotizziamo invece che abbiano una dimensione, appunto come delle stringhe, ed aggiustiamo le equazioni su questa supposizione?

Entrando un po' più nel dettaglio, i teorici hanno poi verificato che queste stringhe ideali, ma descrivibili matematicamente come si fa ad esempio col teorema di Pitagora, vibrando in diversi modi, con le loro vibrazioni darebbero origine alle diverse particelle elementari che noi troviamo nei nostri esperimenti.

La teoria poi prosegue supponendo come queste stringhe si possano unire, separare e queste azioni, invisibili a noi, siano alla base dell'assorbimento e dell'emissione delle particelle come noi le osserviamo negli esperimenti.

Le stringhe, e le vibrazioni che si propagano su di esse, hanno dimensioni infinitamente piccole e quindi invisibili ad ogni tentativo di vederle con i nostri attuali strumenti d'indagine.

Tutto quanto detto appare ovviamente a noi, comuni mortali, come una fantasiosa costruzione di qualche scienziato matto, ma in realtà non è proprio così.

L'iniziale teoria delle stringhe forniva una spiegazione matematica della forza forte ed in parte risolveva certe incongruenze della forza di gravità per cui fu accettata da parte di molti fisici come una strada da indagare.

Due scienziati di fama mondiale, **John Schwarz** *e* **Mike Green**, *nel 1984, utilizzando la teoria delle stringhe, riuscirono a spiegare lo strano comportamento di alcune particelle che fino ad allora le teorie note non spiegavano.*

Questo fatto rese la teoria delle stringhe argomento ancor più degno di ulteriori investigazioni, seppure non esistesse ancora una dimostrazione sufficiente dell'esistenza reale delle stringhe.

Lo sviluppo della teoria portò ad argomenti ancora più astrusi e che rientrano nell'area definita delle super stringhe dove, per rendere coerenti certi risultati teorici, si è dovuto addirittura supporre che le dimensioni in cui agiscono siano o 11 o 26 e non solo le nostre 4.

Si è ulteriormente supposto che il motivo per cui le dimensioni aggiuntive non si rendono visibili a noi è perché sarebbero arrotolate in uno spazio infinitesimo, tanto piccolo che non saremo mai in grado di verificarle ma che le equazioni della teoria ne richiedono l'esistenza.

Abbiamo così sfiorato un argomento che persino la fantascienza avrebbe difficoltà ad immaginare, ma è bene che si sappia come in questo momento l'argomento è oggetto di profondi studi, di avanzati corsi di fisica teorica e, forse, di incredibili sviluppi che influenzeranno anche l'Astrofisica in futuro.

Il piccolo spiega il grande

Veniamo ora al nostro argomento, a quella Astrofisica che all'inizio del secolo scorso era un tutt'uno con l'Astronomia e che solo dopo gli anni venti ha cominciato a delinearsi in modo netto, come materia a se stante.

Questa distinzione deriva dal fatto che si è capito come la ricerca sul piccolissimo, oggetto della citata fisica delle particelle ed il suo studio con l'avvento della meccanica quantistica, diventavano, assieme alla teoria generale della relatività, spiegazione anche per come funziona l'immensamente grande e l'intero Universo, argomenti quindi di fisica che si proiettavano nell'Astronomia dando origine all'Astrofisica.

La conoscenza dell'atomo, le equazioni della meccanica quantistica, gli esperimenti sulla radioattività, la stessa teoria della relatività generale diventavano così le basi non solo di quello che l'Universo è, ma ben presto, anche di come l'Universo funziona e si evolve.

Ecco che oggi Astrofisica praticamente significa anche fisica atomica, fisica delle particelle e comprende tutte quelle conoscenze ed esperienze che ne derivano come il "modello standard" che abbiamo visto e che gli scienziati considerano la massima conoscenza matematica di cui disponiamo oggi per descrivere l'Universo.

Grandi passi si sono fatti da quando Newton per primo, con le sue leggi universali della meccanica insegnò al mondo che le stesse leggi matematiche si potevano applicare ad ogni oggetto dell'Universo, dalla mela che cade al movimento dei pianeti.

I capitoli che seguono tratteranno, senza esaurirli, argomenti che approfondiremo nei futuri volumi, limitandoci in questo primo a darne notizia con brevi spiegazioni di modo che sia chiaro da subito al lettore appassionato di cosa e di come tratteremo questi argomenti. Verranno citate materie molto difficili, ed elencate nell'introduzione i motivi delle scelte, come abbiamo fatto per la teoria speciale della relatività, la teoria generale della relatività e la meccanica quantistica, tutte materie interpretabili dalla nostra mente matematica e capaci di descrivere la natura e predirne i comportamenti.

Oggi esistono molti testi di Fisica, di Astrofisica e Cosmologia, volumi scritti da ottimi scienziati, che di questi argomenti sono gli artefici, ma la cui lettura e la cui comprensione richiedono quasi sempre conoscenze tecniche minime, anche per i testi divulgativi, e che comunque vanno letti per intero.

Qui ciascun capitolo è parte a se stante per cui può essere consultato anche saltando i capitoli precedenti.

Per chi desiderasse approfondire gli argomenti che, dopo la lettura di questo libro, gli risultassero interessanti, consiglio caldamente di consultare soprattutto le pubblicazioni di scienziati come Einstein, Hawking, Feynman ed altri nomi celebri e di non limitarsi a semplici ricerche su internet, perché queste ultime, seppure utili, sono ben lontane dall'essere esaustive come un testo completo, soprattutto se scritto da autori di provata fama.

Limite di Chandrasekhar

Tratteremo ora un argomento poco noto, ma molto significativo per la sua importanza nell'Astrofisica anzi, potremmo definirlo il primo vero passo verso l'Astrofisica moderna.

Si tratta di quanto ha scoperto nel 1930 un giovane scienziato indiano, il cui complicato nome è **Subrahmanyan Chandrasekhar**.

Poco noto al grande pubblico, forse anche perché è difficile ricordarne il nome, ha avuto un'importanza fondamentale tanto che gli è stato dedicato l'osservatorio satellitare per raggi X di nome Chandra, e lanciato nello spazio il 1999.

A lui, grande fisico e matematico, si deve una scoperta fondamentale per l'Astrofisica e precisamente cosa succede se una certa stella consuma il suo carburante di idrogeno ed implode.

Vediamo in dettaglio come sono andate le cose, perché la storia di Chandrasekhar è molto significativa per capire non solo la fisica che sta dietro le nostre conoscenze ma anche come queste conoscenze, maturino in menti particolarmente dotate, anche se sono lontane da laboratori o centri astronomici.

Così come Einstein, ormai il più noto scienziato di tutti i tempi, intuì prima e dimostrò poi le sue teorie della relatività ristretta e della relatività generale partendo da pure considerazioni speculative, anche il nostro geniale indiano giunse a delle conclusioni straordinarie solo giocando prima con l'intuizione e poi con i calcoli matematici per precisarle e dimostrarle.

Chandrasekhar ottenne il premio Nobel per la fisica nel 1983 per "i suoi studi teorici dei processi fisici, che danno origine alla struttura ed evoluzione delle stelle" (Limite di Chandrasekhar).

Quindi potremmo proprio dire un premio Nobel per l'Astrofisica, materia però non specificatamente prevista tra le materie premiate dai Nobel.

La storia scientifica di questo grande personaggio nasce nel 1930 quando, a soli 19 anni durante un suo viaggio in nave tra India e ed Inghilterra ha avuto un'idea geniale. Avendo vinto una borsa di studio al Trinity Collage di Cambridge, per ammazzare il tempo, decise di calcolare cosa succede ad una particolare stella, una nana bianca, quando finisce il suo carburante di idrogeno.

Già allora i fisici sapevano che le stelle, per risplendere come le vediamo in cielo, bruciano idrogeno o più esattamente, trasformano gli atomi di idrogeno in atomi di elio e che in questa trasformazione una parte di massa si trasforma in energia, secondo l'equazione di Einstein $E=mC^2$.

La teoria della relatività ristretta, vista nell'introduzione, aveva dimostrato già venti anni prima, come materia ed energia fossero le due facce di una stessa realtà e come quindi si potesse calcolare esattamente il risultato di questa trasformazione.

Essendo la velocità della luce che compare nell'equazione di Einstein un numero grandissimo, si può ben intuire come anche piccole quantità di massa siano in grado di dar origine ad ingenti quantità di energia, infatti la così detta bomba all'idrogeno, trasformando una piccola frazione di materia in energia, provoca quel botto che tutti conosciamo.

Ecco dunque che il nostro giovane studente, ben preparato sulle teorie einsteiniane ed anche con una buona conoscenza delle recenti conquiste della meccanica quantistica, comincia a fare i suoi calcoli e, durante quei lunghi giorni di viaggio, giunge a conclusioni strabilianti.

Scopre cioè che, se la pressione nel nucleo della stella per effetto della forza gravitazionale supera la resistenza delle forze atomiche che sorreggono nel suo interno l'atomo, qualcosa deve succedere a quest'atomo.

Calcola e ricalcola giunge alla fine del suo viaggio con la certezza che, ad un certo momento e per una certa massa, la pressione è tale che gli elettroni che girano intorno al nucleo crollano verso il nucleo stesso e si fondono con esso.

In altre parole dimostra, con calcoli alla mano, che la pressione gravitazionale ad un certo punto riesce a spingere gli elettroni caricati negativamente fuori dalle loro orbite verso il nucleo dove i molto più grandi protoni, caricati positivamente, li inglobano trasformandosi in neutroni.

In poche parole negli atomi di quella stella spariscono gli elettroni, si annulla lo spazio vuoto che nell'atomo occupa la maggior parte dello spazio e si forma un puro agglomerato estremamente compatto di neutroni: il nostro **Chandrasekhar** ha previsto quella che poi sarebbe stata chiamata "**stella di neutroni**".

Non solo trova questo risultato, ma riesce a calcolare quanto deve essere la massa della stella perché ciò avvenga e scopre che deve superare almeno del quaranta per cento una massa solare.

Questa massa verrà poi chiamata "**Chandrasekhar limit**", grandezza fondamentale per tutta l'Astrofisica che verrà dopo di lui.

La cosa incredibile è che, giunto a Cambridge, non solo la sua teoria non fu creduta, ma addirittura il famoso astronomo e suo professore di nome **Eddington** lo derise in pubblico, definendo la sua teoria "una buffonata".

E Sir Eddington non era un professorucolo da poco, ma un premio Nobel che pochi anni prima, aveva nientemeno che provato l'esattezza della teoria della relatività generale di Einstein mediante un esperimento durante un eclisse solare, verificando la curvatura della luce prevista da Einstein.

Eddington, a quei tempi professore con alta credibilità, col suo diniego, dovuto forse all'invidia, creò un vero dramma per il nostro giovane astrofisico e ritardò la diffusione di un'importante scoperta di Astrofisica.

Forse questo è il motivo per cui **Chandrasekhar,** una volta emigrato negli Usa, rifiutò molti anni dopo di ritornare al Kings College, su richiesta della stessa università.

Fatte queste doverose considerazioni storiche approfondiamo un po' questa scoperta e le sue conseguenze su quella parte dell'Astrofisica che studia l'evoluzione delle stelle.

Il limite di **Chandrasekhar** ha messo in evidenza come la conoscenza della fisica delle particelle, cioè di tutto quello che succede nell'atomo, determini in modo preciso il comportamento delle grandi masse di cui l'Universo è pervaso e come se ne possano trarre previsioni quantitative, verificabili con l'osservazione astronomica.

L'evoluzione delle stelle in generale non fa parte di questo volume ed occuperà un intero prossimo volume, mentre qui ci limitiamo a studiare quelle particolari stelle, note come stelle di neutroni, scoperte per la prima volta nel 1968 quando un radiotelescopio rivelò impulsi radio regolari provenienti dallo spazio, poi attribuiti ad un oscuro e lontano oggetto denominato Pulsar, che si dimostrò essere una stella di neutroni in forte rotazione.

Si tratta di entità fisiche dalla densità inimmaginabile per noi terrestri; se il nostro Sole fosse condensato come una stella di neutroni avrebbe un raggio poco superiore ai 10 km ed un suo centimetro cubo portato sulla Terra peserebbe circa 200 milioni di tonnellate ... non ci sarebbe luogo dove appoggiarlo e finirebbe dritto al centro della Terra.

Ormai si conoscono molti tipi di stelle di neutroni, tutte con caratteristiche straordinarie, come la rotazione dell'ordine di frazioni di secondo, emissioni di raggi X e raggi gamma generati dall'interazione con la materia che li circonda e strani e regolari impulsi radio che furono scambiati, a suo tempo come segnali di extraterrestri per la loro estrema regolarità.

La moderna Astrofisica e gli strumenti teorici forniti, sia dalla teoria generale della relatività e sia dalla conoscenza intima della materia, ci hanno portato ad una profonda conoscenza dell'evoluzione delle stelle, grandi e piccole come il nostro Sole e con nuovi strumenti spaziali stiamo allargando questa conoscenza che coinvolge anche corpi celesti praticamente invisibili, ma che abbiamo scoperto pervadere a milioni anche la nostra stessa galassia.

La prossima figura mostra come il telescopio spaziale Hubble abbia individuato una stella di neutroni al centro della nebulosa del Granchio, nebulosa che fa parte della via Lattea, distante da noi circa 6.500 anni luce.

La stella di neutroni è invisibile, ma gli scienziati la riconoscono per il forte colore blu dovuto all'elevatissima temperatura della sua superficie che scalda la materia vicina e per l'emissione di 30 regolari impulsi radio ogni secondo, che la classifica tra le Pulsar veloci.

La nuvola di gas che le sta intorno è la materia rimanente dall'esplosione di una supernova, osservata nell'anno 1054 ed al cui centro è appunto rimasta quella parte di stella che è diventata una piccola palla di neutroni.

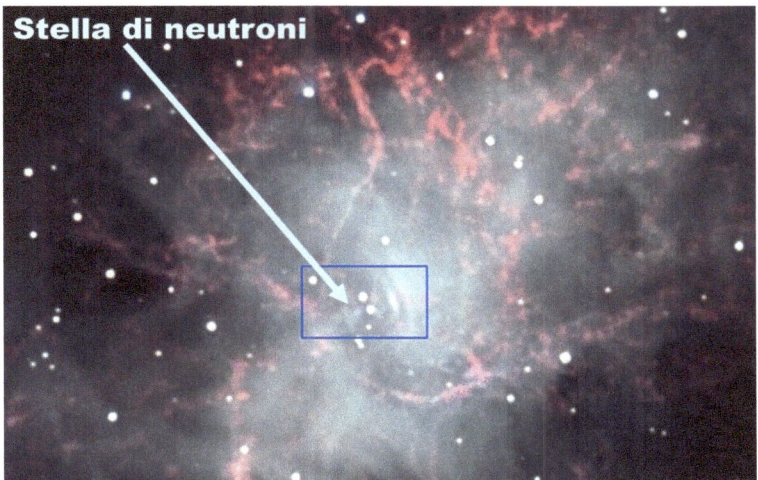

Nebulosa del Granchio con al centro una stella di neutroni

Questa Pulsar emette anche una forte luminosità nei raggi X e viene usata come candela di riferimento per valutare la distanza dei corpi che emettono raggi X.

In generale una stella di neutroni ha una gravità pari a 100 miliardi di volte di quella che si riscontra sulla superficie terrestre ed ha un campo magnetico così forte da distruggere la struttura interna di ogni atomo.

La fisica delle particelle atomiche spiega come, con pressioni superiori ai 400 miliardi di chilogrammi per centimetro quadrato, i neutroni possono rimanere in vita e muoversi liberamente staccandosi dai nuclei atomici, un po' come fanno gli Elettroni liberi nella conduzione dell'elettricità a temperatura ambiente.

Mentre in ambiente normale un neutrone isolato non può sopravvivere perché decade in pochi secondi, i neutroni compressi in una stella di neutroni non decadono anche per miliardi di anni e questo spiega perché le stelle di neutroni sono molto stabili.

Si sono anche osservati sistemi binari formati da stelle di neutroni al centro e stelle orbitanti al loro intorno.

Se poi l'orbita della stella che ruota è bassa, vi è un continuo passaggio di massa dalla stella orbitante alla stella di neutroni, processo che provoca l'accrescimento della massa della stella di neutroni a danno della stella orbitante.

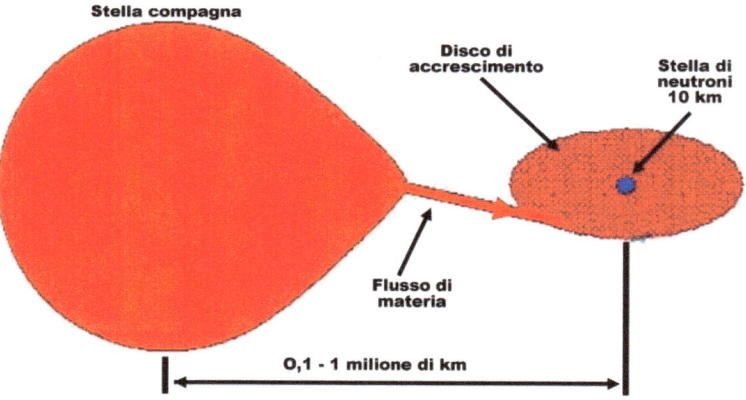

Processo di accrescimento di un sistema binario con stella di neutroni

Il processo di trasferimento della materia in un tale sistema binario provoca diverse situazioni a seconda delle dimensioni della stella compagna e dalla sua distanza dalla stella di neutroni.

Se la stella compagna è molto grande e vicina, la massa accumulata dalla stella di neutroni può raggiungere una massa critica e presto collassare in un buco nero.

Se la massa della compagna è delle dimensioni del Sole o anche meno, nel processo di passaggio della materia si crea un disco di accrescimento e quindi la forte gravità, le altissime temperature e l'enorme velocità del disco di accrescimento generano potenti flussi di radiazioni di ogni lunghezza d'onda, compresi i raggi X, che satelliti artificiali come il Chandra individuano dentro e fuori la nostra galassia.

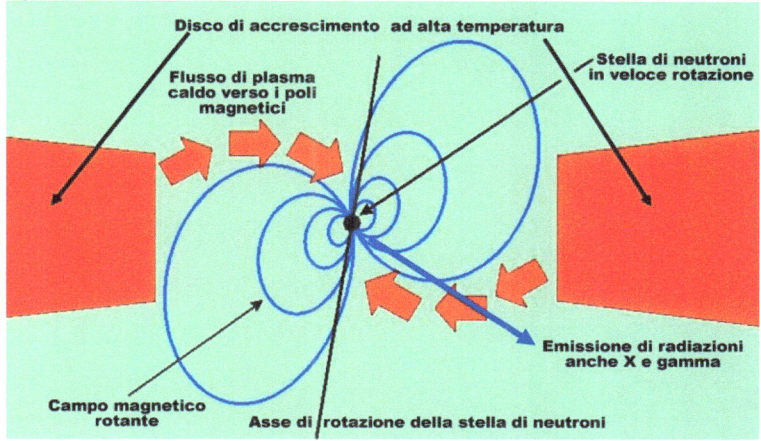

Schema comportamentale di una stella di neutroni con disco di accrescimento.

Per i più esperti vediamo ora come Chandrasekhar sia riuscito a calcolare il suo limite o meglio, la massa oltre la quale una nana bianca si trasforma in stella di neutroni, implodendo su se stessa.

Chandrasekhar partì dagli studi sull'evoluzione delle stelle, da un punto di vista della fisica dei modelli, che le assimila a complessi gassosi di idrogeno ed elio, teorie il cui comportamento molecolare era noto e che si riscontravano nelle stelle osservabili dai telescopi di allora.

Conoscendo dati come massa, temperatura e pressione con quelle teorie gli astronomi riuscivano a prevederne il comportamento con una buona approssimazione e questo consentiva loro di creare i primi modelli teorici dell'evoluzione delle stelle.

Esprimendo questo fatto in termini scientifici si può affermare che con la conoscenza delle equazioni di stato dei gas sviluppatasi nella seconda metà del diciannovesimo secolo e perfezionata dalle ricerche ulteriori, si era già in grado di descrivere matematicamente l'evoluzione di molti tipi di stelle.

Rimaneva l'eccezione delle nane bianche, stelle piccole, ma già ben visibili con i telescopi di quei tempi. I calcoli, inserendo nelle equazioni temperatura, pressione e massa delle **nane bianche** *osservabili, davano per certo che queste stelle non avrebbero potuto esistere, ci doveva essere qualche altro fenomeno che non apparteneva alle note teorie sui gas.*

Si cominciò a ipotizzare che la struttura di equilibrio delle nane bianche dipendesse da una situazione di "gas degenere", cioè di un gas non più costituito da sole molecole, ma formato da particelle più elementari e che fossero quindi la causa di quella situazione anomala.

E' a questo punto che Chandrasekhar introdusse nelle sue equazioni informazioni relativistiche basate sulla teoria della relatività generale, arrivando a dimostrare come fosse solo il rapporto tra la massa ed il raggio della stella a determinarne l'equilibrio e poi come dovesse esistere un certo rapporto che rendeva insostenibile la struttura della stella.

Secondo Chandrasekhar si doveva generare una situazione in cui anche le forze interne che tengono insieme le particelle che formano gli atomi fossero destinate a soccombere sotto la pressione della gravità, forze che la nascente meccanica quantistica era in grado di calcolare.

Mettendo tutto insieme, giunse ad un'equazione abbastanza semplice del limite oltre il quale una nana bianca doveva implodere, limite che prese il suo nome e la cui equazione riporto qui di seguito:

$$M_{limite} \cong 5{,}76(\mu_e)^{-2} M_{Sole}$$

Dove M_{limite} *è la massa individuata da Chandrasekhar,* μ_e *è il peso molecolare medio, che normalmente è uguale a 2 per gas fortemente ionizzati, come quelli presenti in una nana bianca.*

Inserendo i valori nei parametri dell'equazione si può così calcolare questo limite per una nana bianca che risulta pari a 1,44 volte la massa solare.

Sappiamo oggi che superato questo limite la nana bianca implode in una stella di neutroni, fatto riscontrato oltre venti anni dopo la previsione di Chandrasekhar, quando si sono esplorate quelle zone da cui provengono strani segnali radio come quello citato nella nebulosa del Granchio.

Oggi sappiamo molto di più per quanto riguarda il collasso delle stelle a fine vita; sappiamo ad esempio che una supernova generata da una stella massiccia può concludere il suo percorso esplosivo non solo implodendo in una stella di neutroni, ma anche in un buco nero, come vedremo nei prossimi capitoli.

In questo processo la stella brucia tutto il suo idrogeno trasformandolo in elio, poi quest'ultimo brucia a sua volta trasformandosi in altri elementi più pesanti fino al ferro.

La gravità prende poi il sopravvento facendo esplodere la stella in una supernova e lanciando nello spazio gran parte degli elementi sintetizzati.

La figura che segue illustra le tre fasi attraverso le quali si creano stelle di neutroni oppure buchi neri.

Giunta alla sintesi del ferro la stella esplode: parte della sua materia viene eiettata ad alta velocità e parte si concentra in una stella di neutroni o in un buco nero.

I Buchi Neri

Qualche lettore sarà saltato subito a questo capitolo incuriosito da questo titolo, cercando di scoprire un argomento che storicamente è fra i più recenti in Astrofisica ed anche uno dei più citati dalla stampa non scientifica.

La fantascienza se ne è appropriata arrivando ad ipotizzare passaggi verso altri universi, esistenza eterna, tunnel spazio-temporali, Stargate, ecc. ed altre bizzarre storie di astronavi che si perdono oltre l'orizzonte degli eventi di buchi neri.

La decisione di dedicare ampio spazio ai buchi neri già da questo primo volume deriva dalla volontà di offrire alla comprensione del lettore un argomento che, seppure solamente nominalmente notissimo, è un punto d'arrivo della moderna Astrofisica in quanto i buchi neri, con la loro struttura esotica, riassumono tutta la fisica nota ... e quella, molta, ancora da scoprire.

Cominciamo subito col dire che questo capitolo non ha immagini del buco nero, perché non si può né vedere né fotografare, perché è proprio nero, ma se ne può scrutare l'alone intorno!

Di più, ancora oggi nessuno li ha potuti rilevare direttamente, ma si è riusciti ad evincerne la presenza per gli immani effetti gravitazionali che provocano sulla materia intorno a loro.

I buchi neri provocano effetti catastrofici di enorme dimensione e divorano tutta la materia che gira vicino a loro, stelle comprese e formano intorno a loro dischi di accrescimento che ruotano ad altissima velocità ed emettono grandi quantità di energia elettromagnetica così potente che, dai lontani confini dell'Universo, arriva fino a noi.

Potrà sembrare paradossale, ma questo strano oggetto, ultima spiaggia di morte della materia come la conosciamo, prima di essere rilevato indirettamente, è stato previsto da un'esigenza puramente teorica di equazioni che hanno a che fare sia con la meccanica quantistica sia con la teoria della relatività generale.

Infatti nella prima metà del secolo scorso analizzando i fenomeni atomici ed in particolar modo le 4 forze che vi albergano si è scoperto e calcolato cosa succederebbe se l'atomo fosse assoggettato a pressioni e temperature oltre un certo limite.

Il risultato fu che questo nostro pilastro microscopico naturale, l'atomo, non è in grado di reggere a qualsiasi pressione e temperatura e nemmeno i suoi componenti elementari lo sono, per cui si è concluso che in quelle condizioni la materia non può reggere e crolla su se stessa ben oltre a quello che il premio nobel Chandrasekhar aveva previsto per le sue stelle di neutroni.

Col calcolo si è previsto che una stella molto più massiccia di quelle che si trasformano in nane bianche, quindi molto più grandi del nostro Sole, non avrebbe la possibilità di collassare in una stella di neutroni perché con quelle pressioni e l'immensa forza di gravità anche i suoi neutroni implodono in qualcosa che non si capiva cosa potesse essere.

Nasceva così la domanda, ancora parzialmente senza risposta, di che cosa diventasse la materia soggetta a quelle immani pressioni e temperature e, per tagliare la testa al toro, qualcuno l'ha chiamata buco nero.

E quel qualcuno è **John Wheeler** che nel 1969 ha detto "beh, la forza di gravità è enorme, la materia come la conosciamo non regge più, la luce, come predice Einstein, per la grande forza di gravità si incurva talmente da non poter più uscire, per cui al momento lo chiamo appunto "**Buco Nero**"!

Quel nome resiste a tutt'oggi e secondo me è molto appropriato, perché nessuno sa ancora esattamente cosa ci sia lì dentro, in quel buco nero, o meglio, esistono teorie supportate da complicati calcoli matematici.

I fisici affermano che potrebbe esserci una "singolarità", facile a dirsi in ambito matematico dove questo termine ha il suo significato astratto, ma in natura? Non lo sappiamo, abbiamo solo congetture!

Per un bel po' di anni si è poi creduto che questo strano risultato finale della morte della materia fosse praticamente eterno, senza possibilità che nulla potesse sfuggirgli, fino a che il brillante scienziato inglese di nome **Stephen Hawking**, oggi famoso come un attore di Hollywood, non spiegò con l'aiuto dalle sue equazioni, che anche il buco nero, seppure lentamente, doveva morire evaporando nello spazio.

Ecco come Hawking spiega la cosa appellandosi al così detto vuoto quantistico, quel "**non vuoto**" che pervade tutto l'Universo dove pullulano in continuità coppie di particelle che nascono e muoiono in tempi infinitesimi.

Dice Hawking che, quando una di queste coppie nasce al limite dell'orizzonte degli eventi del buco nero, la coppia non fa in tempo ad annichilirsi perché la forza gravitazionale è tale che gli strappa via una delle due particelle, mentre l'altra se ne parte verso lo spazio esterno, come nella figura che segue.

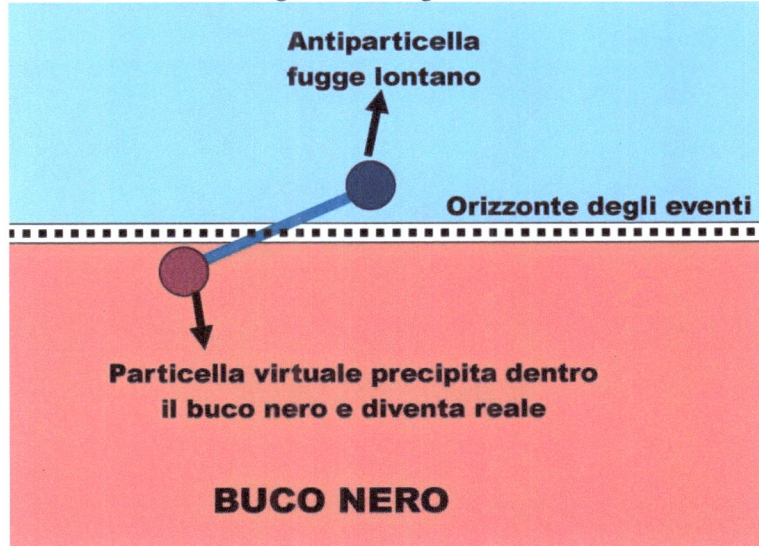

All'orizzonte degli eventi, nel vuoto quantistico, si generano coppie virtuali di particelle che la gravità del buco nero divide, catturandone una e lasciando l'altra.

Un osservatore esterno vedrebbe questo fenomeno come una "evaporazione" del buco nero che quindi, seppure lentamente, finirebbe col consumare il buco nero stesso.

Fatto questo che sarà ben difficile da verificare ancora per molto tempo visto che, secondo i calcoli, parliamo di molti miliardi di anni perché il buco nero evapori completamente.

E qui giriamo intorno ad uno dei più grandi misteri dell'Astrofisica e cioè come la materia tutta, ossia l'Universo, debba un bel giorno finire, ammesso che il tempo che scorre non finisca lui stesso come, del resto, è iniziato. Discuteremo di questo nell'ultimo capitolo.

Ad oggi la fisica delle particelle e la teoria generale della relatività, che stanno alla base dell'Astrofisica, ci dicono che oltre certe concentrazioni la forza gravitazionale prevale su ogni altra forza e quindi questa forza tanto nota a tutti, ma ancora tanto misteriosa, pare che alla fine inghiotta tutte le stelle (e noi che ci siamo dentro), per portarle chissà dove … in una grande singolarità? … in nuovo inizio? … in un'eterna fine senza tempo?

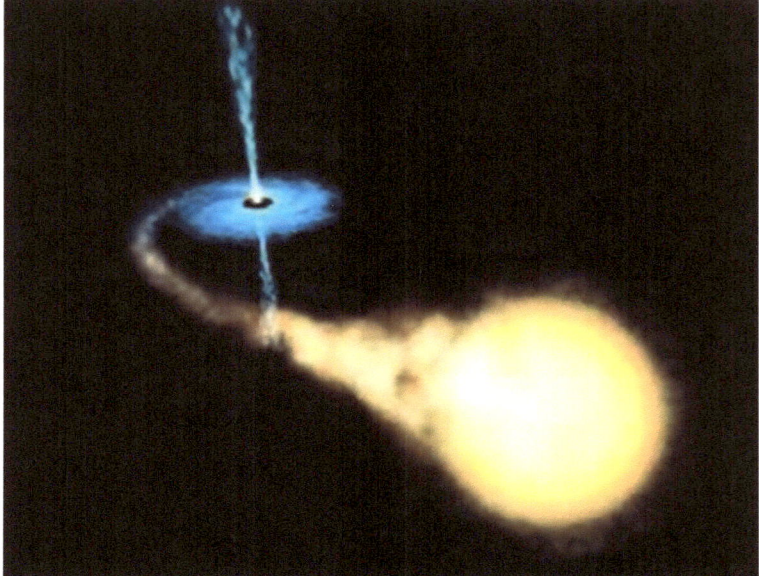

Immagine artistica di un buco nero che inghiotte una stella vicina

A parte queste considerazioni cosmologiche da brivido, ma che comunque non ci vedranno certo testimoni, dato che parliamo di miliardi di anni, cerchiamo di capire meglio come si sia riusciti a formulare la teoria del buco nero, la cui esistenza ormai è certa, e vediamone le caratteristiche come la letteratura scientifica più recente ci illustra.

Col buco nero e le sue estreme caratteristiche fisiche ci si allontana enormemente dalle teorie newtoniane della gravità, che valgono fino ad entità gravitazionali di tipo planetario, mentre la teoria della relatività generale di Einstein vi interviene alla grande.

L'effetto più evidente ed anche il più paradossale di quanto Einstein ha previsto e pubblicato nel 1916 è che tempo e gravità sono intimamente legati: più in generale, la gravitazione universale e lo spazio-tempo sono intimamente legati e semplificando molto, maggiore è la gravità e più lentamente scorre il tempo e più si incurva lo spazio..

Volendo esemplificare questo concetto con un esempio molto utilizzato, se due gemelli vivessero uno su una montagna e l'altro a livello del mare, dopo qualche anno quello sulla montagna sarebbe più vecchio del gemello che ha vissuto più in basso, poiché quest'ultimo è più vicino al centro della Terra e risente di più della gravità.

In questo semplice esempio le differenze tra le due età sarebbero di frazioni infinitesime di secondo per cui non rilevabili nel nostro mondo normale. Questo fenomeno diventa però sensibile se un oggetto si allontana dalla Terra e si pone dove la gravità risulta sensibilmente inferiore che sulla superficie della Terra.

Infatti i tecnici che hanno progettato il sistema GPS che tutti conoscono ne hanno dovuto tenere conto per i satelliti che girano intorno alla Terra ad alcune centinaia di chilometri.

Quei segnali che utilizziamo per viaggiare sono controllati da orologi atomici a bordo dei satelliti, orologi che, a causa della minore forza di gravità, vanno più veloci di quelli a terra, per cui occorre introdurre una correzione perché rimangano sincronizzati con gli orologi atomici a terra. Se non si correggesse questa differenza relativistica, ben presto il nostro GPS a terra sbaglierebbe la nostra posizione dapprima di qualche centinaio di metri e, passando il tempo, anche di chilometri.

Per completezza va anche detto che in quei satelliti il tempo, oltre ad andar più veloce perché sentono meno gravità, subisce anche un modestissimo rallentamento per effetto della velocità, non trascurabile rispetto alla velocità della luce, ma la somma di questi due effetti porta ad un aumento della velocità dello scorrere del tempo sul satellite.

Tornando al nostro buco nero, se fosse possibile per i due gemelli vivere uno su una montagna di un mondo costituito da un buco nero e l'altro sulla superficie dello stesso buco nero si avrebbe l'incredibile fatto che il gemello sulla superficie praticamente vivrebbe in eterno mentre l'altro, seppure lentamente, ad un certo momento morirebbe invecchiato.

L'enorme gravità del buco nero amplificherebbe quasi all'infinito gli effetti che la teoria generale della relatività prevede sul tempo portandolo a fermarsi.

Chiaro che l'esempio avrebbe qualche difficoltà a realizzarsi in pratica perché un qualsiasi oggetto non potrebbe resistere a temperature di miliardi di gradi ed a forze gravitazionali in grado di spaccare l'atomo.

Comunque è proprio così: **la superficie sferica di un buco nero, che gli scienziati chiamano "orizzonte degli eventi"**, separa due zone, quella esterna dove il tempo scorre e quella interna dove il tempo si ferma.

Il lettore a questo punto potrebbe chiedersi come possiamo essere certi di quello che stiamo dicendo, perché difficilmente si potranno misurare direttamente questi fenomeni, ma dal 1969, anno in cui si è coniato lo strano termine di buco nero, varie verifiche astronomiche e non ultime quelle rilevate dal satellite artificiale Chandra (come già ricordato, nome dato in onore dello scienziato Chandrasekhar), confermano che i buchi neri esistono, anzi che ne esistono moltissimi e che probabilmente ogni galassia (degli oltre cento miliardi di galassie esistenti) ne hanno al loro centro uno molto massiccio.

Misurazioni recenti confermano che anche al centro della nostra galassia, cioè nella Via Lattea, esiste un enorme buco nero, con una massa pari a milioni di volte la massa del nostro Sole e che ogni giorno inghiotte varie stelle grandi come il nostro Sole, stelle che hanno l'ardire di avvicinarsi a quel buco nero.

Intorno a questo enorme buco nero ruotano a velocità relativistiche molte stelle in attesa di morirci dentro e che emettono grandi quantità di energia sotto forma di onde elettromagnetiche, onde che noi riceviamo distintamente.

Si è anche verificata la loro esistenza in tutto lo spazio grazie alle loro emissioni di raggi X e gamma che diversi satelliti artificiali ricevono forti e chiari e che confermano come i buchi neri siano oggetti molto comuni nell'Universo.

Dai satelliti è giunta l'ulteriore conferma che al centro di quasi tutte le galassie si trovano giganteschi buchi neri, esattamente come nella nostra galassia, ed inoltre ne sono stati rilevati altri ai limiti estremi del'Universo, generati da esplosioni di stelle giganti che hanno dato origine ad Ipernove, esplosioni luminosissime di cui tratteremo in un prossimo capitolo.

Rappresentazione artistica di buco nero con il suo disco di accrescimento.

Una cosa dobbiamo auguraci per quanto riguarda noi e cioè che il nostro caro sistema solare nel suo girovagare per la via Lattea non passi troppo vicino ad uno di questi "cosi" neri, perché in pochi istanti ci inghiottirebbe assieme al Sole ed a tutti i suoi pianeti e ... non sperate che, giunti al suo interno, noi si possa vivere eternamente a causa della gravità che ferma il tempo!

L'argomento buchi neri sarà trattato per esteso in un prossimo volume, ma prima di concludere questo capitolo dobbiamo affrontare una specifica categoria di buchi neri: gli **AGN**, ossia i buchi neri mostruosi scoperti di recente.

La sigla **AGN** sta per **Active Galactic Nucleus**, galassie che ospitano al loro centro buchi neri supermassici, con massa pari anche a miliardi di volte quella del nostro Sole.

Si tratta di mostri divoratori di stelle che, con il loro enorme fagocitare materia, generano radiazioni elettromagnetiche di ogni lunghezza d'onda che illuminano l'intera galassia a cui appartengono, radiazioni che giungono fortissime fino ai nostri telescopi ed ai nostri satelliti, seppure siano oggetti lontani miliardi di anni luce.

Queste particolari galassie devono la loro luminosità più agli effetti del loro buco nero centrale che non alla somma della luminosità di tutte i loro miliardi di stelle.

L'immagine che segue ne dà un'idea.

Confronto tra la luminosità di una galassia standard e di una galassia AGN

Lo studio di queste galassie e di come si comporta il loro gigantesco buco nero apporterà sicuramente nuovi elementi di conoscenza sulla natura della materia ed anche sugli istanti iniziali dell'Universo.

Pare infatti che le temperature coinvolte sulla superficie dei buchi neri che danno origine agli AGN possano arrivare a migliaia di volte la temperatura che esiste al centro del nostro Sole, temperatura che si avvicina molto a quella che si immagina fosse nell'universo all'inizio della sua evoluzione.

Calcoli sull'efficienza di conversione materia-energia di questi buchi neri supermassicci portano a risultati strabilianti, quale la capacità di trasformare in energia anche più del 50% della massa che li circonda. Per fare un confronto, il Sole produce energia trasformando idrogeno in elio, dove la massa convertita in energia è dell'ordine dello 0,7%.

Attualmente questo tipo di galassie sono sotto osservazione da parte degli astrofisici ed ancora molto si cerca di capire sia sulla loro struttura sia sulla loro origine.

Sappiamo oggi che le galassie AGN sono corpi celesti del lontanissimo passato, miliardi di anni fa, in quanto presentano un forte "**redshift**", cioè uno **spettro fortemente spostato verso il rosso** che indica la loro velocità di allontanamento e la loro distanza da noi.

Da questi dati si evince non solo la loro origine lontana nel tempo, ma anche che molte altre galassie la cui luminosità oggi è normale, probabilmente sono nate AGN con il loro enorme buco nero centrale supermassiccio e che poi hanno consumato la materia del loro disco di accrescimento e che hanno ridotto di molto la loro luminosità come la vediamo oggi.

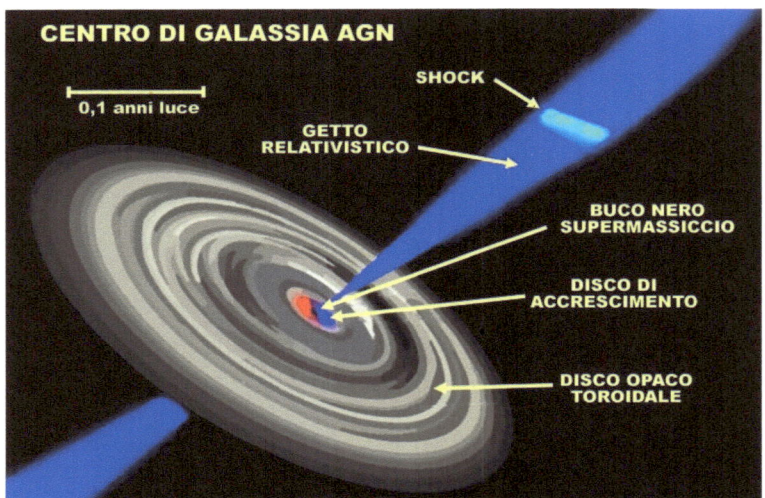

Struttura del centro di galassia AGN col suo buco nero supermassiccio

Il processo di formazione delle stelle formatesi 13 miliardi di anni fa appare in tutta evidenza, sia teorica e sia osservativa, come dovesse dar origine a stelle supergiganti essenzialmente di idrogeno e poco elio. Queste super giganti bruciavano il loro idrogeno in un tempo molto più breve rispetto alle stelle più recenti.

Finito l'idrogeno cominciavano a bruciare l'elio e così via bruciando elementi sempre più pesanti fino al ferro, fase raggiunta la quale, l'energia interna non riusciva più a contrastare la forza di gravità.

Le super giganti primordiali a questo punto esplodevano come Ipernove lanciando all'esterno buona parte della loro materia con tutti gli elementi chimici che avevano sintetizzato, mentre al centro si formava un primo buco nero.

Col materiale espulso ed altro catturato nei dintorni si formavano quindi altre stelle, tante stelle di seconda generazione che, associandosi per effetto della gravità, circa una diecina di miliardi di anni fa formavano una nuove giovani galassie.

Passati altri miliardi di anni, molte di queste nuove galassie finivano con avere al loro interno stelle che esplodevano dando origine a sistemi planetari come il nostro, in cui la materia di cui sono formati comprende tutti gli elementi, molti dei quali elementi non esistevano nelle prime stelle giganti.

Questa sintetica descrizione dell'evoluzione delle galassie e delle stelle è ormai acquisita in maniera dettagliata ed è parte fondamentale dell'Astrofisica.

Tornando all'argomento del capitolo, possiamo senz'altro affermare come la storia dei buchi neri sia destinata a procurare nuove sorprese agli astrofisici e questi oscuri oggetti, sparsi nello spazio immenso, continueranno a stupirci, svelando molti misteri che ancora avvolgono l' Universo e la materia in esso contenuta.

Tra l'altro recentemente sulla stampa sono apparse informazioni fuorvianti del tipo che Hawking ha affermato che i buchi neri non esistono e che tutte le teorie al riguardo debbano essere riviste.

L'argomento è complesso e spesso divulgando concetti al di fuori dell'ambito scientifico si rischia di trarre conclusioni errate che è bene chiarire perché non è così come si afferma.

Il buco nero è oggi ed anche nel passato un oggetto matematico, il risultato di teorie attualmente accettate come vere e che hanno fornito elementi riscontrati dalle osservazioni astronomiche.

Detto questo, è oggi assodato che al centro delle galassie ed alla morte di stelle giganti si formino questi corpi estremamente massicci al cui interno non può più esistere la materia come la conosciamo e da cui non sfugge nemmeno la luce.

I calcoli e le teorie conosciute e verificate, suggeriscono dei modelli con le caratteristiche descritte prima, compreso il fatto che la gravità oltre certi valori distrugge la materia e gli atomi che la costituiscono, oltre a piegare completamente tempo e spazio.

Inoltre il modello del buco nero porta ad ipotizzare l'esistenza di una superficie che delimita questo oggetto e che separa il mondo a noi noto da un mondo collassato con caratteristiche interne ignote, superficie che è stata denominata "**orizzonte degli eventi**".
Hawking ha di recente messo in dubbio che questo orizzonte, o meglio superficie, fisicamente esista e si comporti come le attuali teorie predicono o non possa essere diverso come lui ritiene, anche se non esiste alcun modo di poterlo verificare con certezza.

Non ha minimamente messo in dubbio l'esistenza dei buchi neri, ma la discussione è aperta sulla loro forma. Ad esempio la teoria della conservazione delle informazioni dentro e fuori il buco nero crea delle perplessità e delle incoerenze che si sta cercando di risolvere almeno sul piano teorico.

La distruzione delle informazioni teorizzata all'interno del buco nero in base alle equazioni note risulterebbe, ad esempio, in forte contrasto con una serie di altri fenomeni inconciliabili.

Hawking è quindi intervenuto non sull'esistenza o meno dei buchi neri ma ha modificato le sue teorie per quel che riguarda l'orizzonte degli eventi, quella superficie che dividerebbe lo spazio di cui conosciamo la fisica, dallo spazio in cui la fisica è ancora sconosciuta.

Probabilmente, dice Hawking, i buchi neri, sono all'interno di una superficie apparente più ampia di quanto si pensasse e che poco ha a che fare con l'orizzonte degli eventi teorizzato fino ad oggi, discussione che è ben lontana dall'essere conclusa.

Comunque, corpi massicci e collassati esistono, ve ne sono di una grande varietà di massa ed i loro effetti gravitazionali sono ben visibili tanto che abbiamo persino sentito recentemente il loro cinguettio attraverso le onde gravitazionali giunte a noi.

Lasciamo agli scienziati il compito di risolvere la marea di rompicapi che sono sul tavolo, rompicapi che ogni giorno si aggiungono a seguito di continue e nuove scoperte.

A completamento e prova della voracità dei buchi neri, vediamo nella prossima figura una serie di foto riprese dal telescopio spaziale Hubble sul comportamento vorace di un buco nero che mangia in pochi anni la nube di materia intorno a lui.

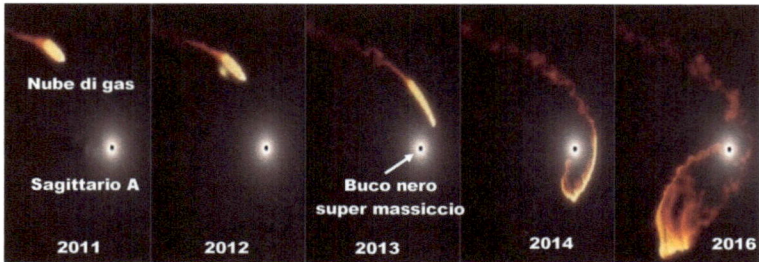

Sequenza della regione al centro della via Lattea. denominata Sagattarius A, dove un buco nero super massiccio ingoia la materia che gli ruota intorno.

Passiamo ora a trattare un argomento teorico che riguarda il dimensionamento dei buchi neri e cioè il **raggio di Schwarzschild**.

Raggio di Schwarzschild

Esattamente come abbiamo visto nel caso delle stelle di neutroni ed il relativo limite di Chandrasekhar, anche nel caso dei buchi neri esiste un limite di massa per la stella oltre il quale la stella stessa collassa in un buco nero, anzi in più tipi di buchi neri.

Ricordiamo come, con una massa superiore ad 1,44 volte quella del Sole, si genera una stella di neutroni secondo il limite di Chandrasekhar.

Ma se la massa supera le quattro volte quella del sole nemmeno i neutroni riescono ad esistere e tutta la materia collassa in quello che abbiamo chiamato buco nero e con un raggio risultante molto piccolo, detto **raggio di Schwarzschild,** dal nome dello scienziato che per primo l'ha previsto.

Il raggio di Schwarzschild ha un significato diverso dal limite di Chandrasekhar in quanto definisce un parametro più generale per la materia, parametro che discende direttamente dalle equazioni della teoria generale della relatività.

Questo raggio fornisce la misura del raggio di una sfera entro la quale si deve comprimere qualsiasi massa per dar luogo al così detto "orizzonte degli eventi", cioè quella superficie da cui nemmeno la luce può sfuggire.

Non si riferisce quindi ad una massa limite, ma alla densità di una qualsiasi massa che provocherebbe la curvatura della luce, come accade in un buco nero; per questa massa Scwarzschild ha calcolato il raggio affinchè la gravità raggiunga quel risultato.

Schwarzschild è giunto alle sue conclusioni subito dopo l'enunciazione della teoria generale della relatività, intorno al 1916, e non ha preso in considerazione la fisica delle particelle, gli atomi, i neutroni, ecc., allora in buona parte ancora ignota, ma solo le equazioni di Einstein.

Per la massa della Terra, ad esempio, i calcoli di Schwarzschild portano ad un valore del suo raggio ad appena 9 metri. Cioè se riuscissimo a concentrare tutta la massa della Terra in una sfera di 9 metri allora nemmeno la luce sfuggirebbe più dalla sua forza gravitazionale ... solo che per schiacciarla così tanto ci vorrebbe un irrealistico schiaccianoci e quindi la Terra nella realtà non potrà mai essere compressa così tanto.

Una stella con massa 4 volte quella del Sole invece potrebbe auto-comprimersi, grazie alla sua gravità, esplodendo in una sfera con raggio inferiore al raggio di Schwarzschild e diventando così un bel buco nero.

Sempre come pura curiosità ecco la formula semplificata del raggio di Schwarzschild:

$$r_s = \frac{2GM}{c^2}$$

Dove r_s è il raggio di Schwarzschild, G è la costante universale di gravitazione, M la massa del corpo in esame e c la velocità della luce.

Nell'universo solo stelle molto massicce hanno una massa tale da comprimere tutta la loro materia al di sotto del raggio di Schwarzschild, ma teoricamente potremmo riuscirci anche noi sulla Terra se avessimo la tecnologia per comprimere la materia così tanto; potremmo cioè produrre piccoli buchi neri in base alla formula di Schwarzschild ... ma ci vorrà ancora molto tempo per riuscirci.

Concludendo e riassumendo, possiamo dire che Schwarzschild, precorrendo i tempi, ha scoperto una conseguenza matematica per effetto della teoria generale della relatività e cioè che esiste un valore della gravità ottenuto comprimendo la materia al di là del quale finisce tempo e spazio e questo è proprio quanto gli astronomi hanno scoperto cinquanta anni dopo con i buchi neri.

Radiazione di fondo o fossile

La radiazione di fondo, di cui abbiamo accennato spesso nei capitoli precedenti, è una strana onda radio che pervade tutto l'Universo.

Si tratta di una trasmissione di onde elettromagnetiche partita circa 13,7 miliardi di anni fa e che continua a farsi sentire ancora oggi, seppure debolmente.

Questa onda elettromagnetica rientra nella gamma delle onde radio che utilizziamo per le trasmissioni di segnali con una lunghezza d'onda molto piccola, dell'ordine dei 2 mm, quindi nella parte molto alta delle microonde, dette appunto millimetriche.

Perché questa radiazione è così importante? Il motivo sta nel fatto che è l'eco lontana del Big Bang da cui è nato il nostro Universo e per questo alcuni la chiamano anche **resto fossile** dell'inizio del tutto.

La radiazione di fondo, seppure prevista già dal 1948, fu scoperta per caso da due scienziati della Bell Laboratories nel 1965.

Questi scienziati stavano compiendo degli esperimenti con un'enorme antenna in grado di ricevere onde radio millimetriche allo scopo di studiarne l'impiego per comunicazioni terrestri e satellitari a larga banda.

Data la sensibilità di questa grande antenna l'avevano posizionata molto lontano da qualsiasi sorgente di rumore elettromagnetico terrestre e quindi lontano da città, da industrie, da strade, e ritenendo così di poter effettuare esperimenti, senza avere alcuna interferenza.

Nonostante tutte le loro precauzioni l'antenna riceveva uno strano rumore di fondo che aveva l'apparenza di un noioso disturbo di provenienza terrestre.

Gigantesca antenna radio con cui nel 1965 si è scoperta la radiazione di fondo.

Tutti i tentativi per eliminare il disturbo fallivano inesorabilmente. Non solo, comunque si muovesse l'antenna il disturbo rimaneva costante e sembrava sempre identico in qualsiasi direzione i tecnici indirizzassero l'antenna.

Fu così che alla fine ne pubblicarono un articolo proprio nell'anno 1965 sulla rivista americana Astrophysical Journal senza che l'articolo facesse cenno a lontane supposizioni sulla provenienza di quella strana fastidiosa onda radio.

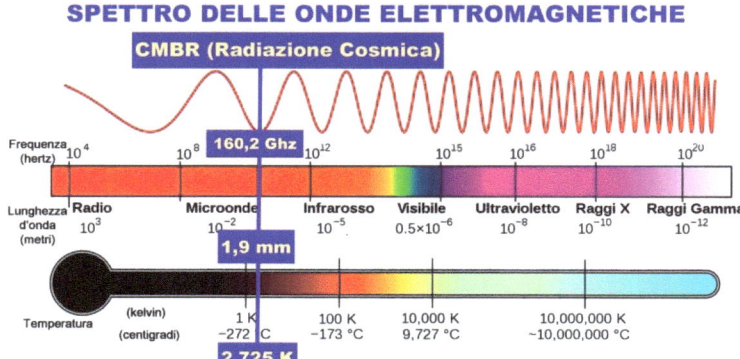

Solo dopo la lettura di quell'articolo, altri scienziati si resero conto che quello che era stato ricevuto non era affatto un disturbo terrestre bensì nientemeno che l'eco del Big Bang prevista dallo scienziato russo **George Gamow** (o Gamov, in russo) negli anni quaranta .

Arno Ponzias e **Robert Wilson**, così si chiamavano i due scienziati autori della pubblicazione.

Ponzias e Wilson, pur non avendo capito il motivo di quel segnale, ottennero il premio Nobel nel 1978, mentre lo scienziato Robert Woodrow che, da quell'articolo, aveva capito cosa i due avevano trovato, non ebbe alcun riconoscimento … .

La particolarità di questa radiazione è che con gli strumenti di allora sembrava perfettamente isomorfa, cioè una portante senza alcun trasporto di dati e quindi priva di qualsiasi irregolarità.

Questa uniformità, detta **isotropia**, contrastava con le teorie del Big Bang in quanto i resti perfettamente uniformi della primordiale radiazione portavano a concludere che l'Universo fosse perfettamente uniforme, senza stelle, senza galassie e senza pianeti, in contrasto con l'evidenza dei fatti.

La cosa creò all'inizio non poche perplessità tra gli scienziati che si aspettavano una radiazione con delle increspature, segnali indicanti che fin dall'inizio si stavano formando quelle che oggi chiamiamo galassie e che in principio dovevano essere piccolissime increspature del primordiale Universo.

Fu solo nell'anno 1989 con la messa in orbita del satellite Cobe dotato di sensibilissimi strumenti, che si riuscì a rilevare piccole disuniformità (**anisotropia**) della radiazione di fondo e si scoprì, non solo che queste erano davvero minime, ma addirittura che questa radiazione portava con sé un mare di informazioni, una vera impronta digitale del primitivo Universo, il tutto nascosto in increspature di poche parti su 100.000.

Satellite COBE messo in orbita nel 1989 per studiare la radiazione di fondo

Solo quindi strumenti sofisticatissimi e sicuramente posti lontano dal nostro rumoroso pianeta potevano individuare ed analizzare simili dettagli.

La radiazione di fondo è considerata una delle più importanti prove dell'esistenza del Big Bang iniziale che la scoperta dell'allontanamento delle galassie dell'astronomo **Edwin Powell Hubble** aveva fatto supporre 40 anni prima ed in onore del quale è stato nominato il "telescopio Hubble".

Gli scienziati sono ancora immersi nell'analisi di questi elementi che provano come sia nato e si sia evoluto il nostro Universo ed è veramente incredibile come un piccolo segnale, confuso come disturbo, stia fornendo dati e prove che stanno completando il quadro delle nostre conoscenze cosmologiche.

Questa radiazione di fondo ha fornito subito la conferma che l'universo è sostanzialmente uniforme su grande scala e lo spostamento misurabile della sua temperatura iniziale verso la temperatura attuale ha permesso di precisare l'età dell'Universo a partire dal momento in cui i fotoni si espansero nello spazio.

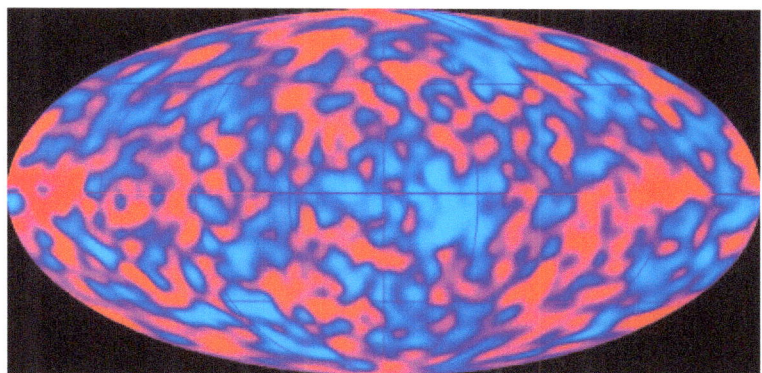

Risultato dell'analisi del satellite COBE che mostra per la prima volta una piccolissima anisotropia della radiazione di fondo dell'odine dell'uno su 100.000.

Dopo il **Cobe** nel 2001 è stato inviato nello spazio un altro satellite di nome **WMP** con strumenti ancora più sensibili di quelli del Cobe e da questo si sono ottenuti altri strabilianti dati, molti dei quali ancora in fase di esame mentre sto scrivendo.

Per ottenere l'ultrasensibilità necessaria per le indagini previste sulla radiazione di fondo, questo satellite è stato mandato nientemeno che ad 1,5 milioni di chilometri dalla Terra in un punto dell'orbita terrestre che viene detto "**punto di Lagrange**", **punto che fa parte dei tre punti che la geometria spaziale ha scoperto appartenere ad ogni orbita dei pianeti e che se vi si colloca un corpo questo mantiene per sempre la distanza dal pianeta che si muove sulla stessa orbita.**

Il WMP ha quindi mantenuto quella posizione in cui è assente ogni disturbo ed ha inviato a terra per 10 anni una enorme quantità di dati e per analizzarli tutti ci vorrà ancora molto tempo.

Tra l'altro il WMP ha misurato l'età dell'Universo con una buona precisione portandola ai 13,73 miliardi di anni su cui ormai tutti concordano. Ha inoltre rilevato che **nell'Universo esiste un 23% di materia oscura ed un 72% di energia oscura**, fatto a tutt'oggi misterioso e che occuperà gli scienziati per molti anni a venire.

Quest'ultima scoperta porta alla conclusione veramente strabiliante che tutta la materia che noi fino a pochi anni fa conoscevamo rappresenta solo il 5% di tutto quello che l'Universo contiene: più si indaga e più il mistero del nostro Universo s'infittisce!

Ora sappiamo cosa sia questa radiazione di fondo e come sia stata scoperta ed analizzata. Sicuramente le nuove strumentazioni anche orbitali porteranno al nostro sapere nuove informazioni che questa gigantesca impronta elettromagnetica nasconde ma già possiamo dire di avere sufficienti ed interessanti elementi, vediamo quali.

Le infinitesime increspature che i nostri satelliti specializzati individuano e che risalgono ad oltre 13 miliardi di anni fa, nell'evoluzione dell'Universo si sono trasformate nelle varie galassie, nelle stelle e persino nella nostra Terra.

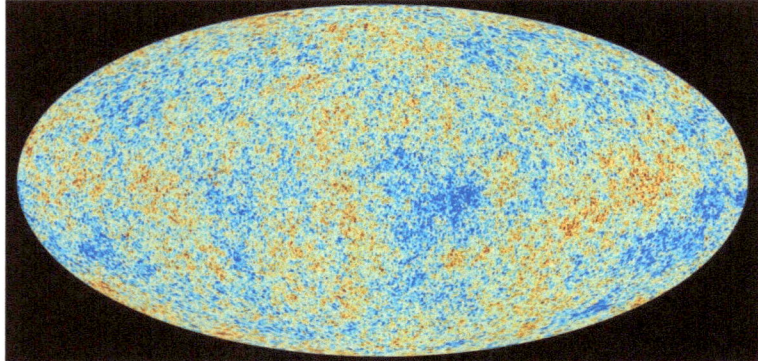

Mappa della radiazione di fondo rilevata dal satellite WMAP lanciato nel 2001 e che ha rilevato con alta precisione l'anisotropia della radiazione di fondo.

Detto quanto sopra al lettore sarà sorta una domanda naturale: ma come nasce questa radiazione e come può contenere così tante informazioni ed infine, come può essere giunta fino a noi intatta.

E' proprio così: l'impronta di come l'Universo si sia evoluto è giunta fino a noi e con i suoi dati, più altri che già si conoscevano, si è riusciti a costruire lo schema temporale dello sviluppo dell'Universo.

L'Universo all'inizio era una palla di fuoco caldissima, tanto calda da non permettere nemmeno l'esistenza di atomi, fotoni, protoni, elettroni ecc., era un minestrone in rapidissima espansione da cui non sfuggiva nemmeno la luce.

Le teorie sviluppate di recente descrivono bene, in grande dettaglio, questa fase partendo da un tempo infinitamente vicino all'inizio e fino a 400.000 anni, per poi passare alla fase in cui si sono formate le prime galassie.

La descrizione richiederebbe ben più che poche pagine per essere completa, a noi interessa il momento in cui la primitiva radiazione, che chiamiamo radiazione di fondo, ha iniziato il suo viaggio verso di noi.

Saltiamo le fasi in cui si sono formati i vari quark e le altre particelle subatomiche ed arriviamo a quando la temperatura si era abbassata, si fa per dire, a qualche miliardo di gradi centigradi.

Siamo a poco meno di 400.000 anni dall'inizio, l'Universo raffreddato comincia a dar origine agli atomi, essenzialmente idrogeno ed elio. Contemporaneamente la radiazione elettromagnetica, che consiste in fotoni, comincia a liberarsi dal magma che la teneva bloccata ed inizia a diffondersi liberamente: la radiazione di fondo è nata e diventerà il **segnale fossile** che arriverà fino a noi! All'inizio ha una temperatura spaventosamente alta, ma ben presto comincia a raffreddarsi accompagnando l'espansione dell'Universo.

Passa il tempo e la materia, attratta per la forza di gravità, si aggrega in grandi nubi in vari punti dello spazio si condensa formando le prime stelle, che a loro volta si aggregano in formazioni complesse, che oggi chiamiamo galassie.

Tutto questo si sviluppa immerso in quella radiazione che, dai miliardi di gradi iniziali, è passata alle migliaia di gradi kelvin con la nascita delle prime stelle, per giungere a noi con una temperatura pari a **2,73 gradi kelvin** corrispondente ad una lunghezza d'onda di 2 mm cioè con una frequenza della banda ricevibile con una radio ad onde ultracorte, anzi millimetriche ... mantenendo al suo interno, profondamente nascoste, tutte le impronte del suo percorso, impronte che noi ora cerchiamo di decifrare un pezzetto alla volta.

Volendo spiegare come sia avvenuto questo abbassamento della temperatura della radiazione di fondo, che riceviamo ora con una precisa frequenza della banda delle onde millimetriche, possiamo riferirci al noto fenomeno del redshift.

Come si ricorderà, lo spostamento verso il rosso, cioè il redshift, del colore delle lontane galassie che si allontanano da noi è dovuto all'effetto doppler: la lunghezza d'onda emessa da un corpo che si allontana, si allunga sempre più all'aumentare della velocità di allontanamento, allontanamento che, nel caso delle galassie, misura anche la distanza delle stesse da noi.

Quindi un colore come il giallo, che ha una lunghezza d'onda più corta del rosso, con una certa velocità di allontanamento può diventare rosso e così pure per gli altri colori.

Ragionando anziché in termini di lunghezze d'onda, ma con le equivalenti frequenze, possiamo dire che più si allontana l'oggetto e minore diventa la frequenza emessa: la frequenza che corrisponde al colore rosso è infatti inferiore alla frequenza del colore giallo.

Per la radiazione di fondo è successa la stessa cosa: solo che all'inizio era un' onda elettromagnetica ad altissima frequenza, anche oltre le frequenza dei colori visibili e poi, espandendosi con l'universo, la sua frequenza si è sempre più abbassata passando prima attraverso tutti i colori e poi, sempre più in basso, fino alle frequenze radio per giungere a noi con una frequenza radio appartenente alla banda delle onde millimetriche, che noi usiamo per i ponti radio e per comunicare con i satelliti.

La radiazione elettromagnetica di fondo, che si riceve sulla Terra come segnale nella gamma delle onde radio millimetriche, ha consentito quelle meravigliose conoscenze descritte e la realizzazione di belle mappe colorate dell'Universo.

I satelliti artificiali sono andati ben oltre e, con sempre più sensibili sensori, hanno perlustrato l'Universo nell'intera gamma delle onde elettromagnetiche, dalle onde radio ai raggi gamma.

Per completare in bellezza questo capitolo, riporto qui di seguito la sintesi grafica della mappatura dell'Universo anche in altre radiazioni elettromagnetiche: quelle nei raggi X e nei raggi gamma.

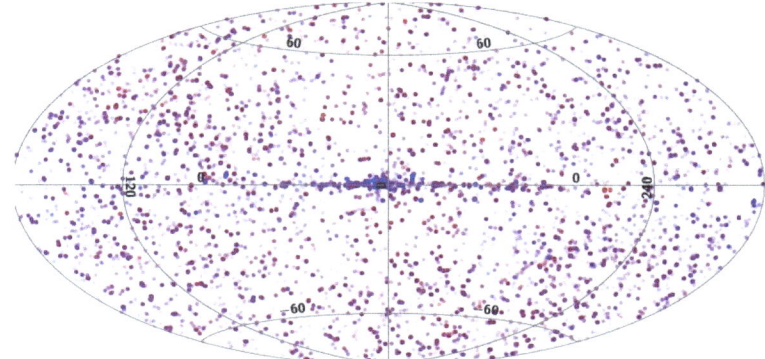

Sorgenti nei raggi X rilevate dal satellite SWIFT lanciato nel 2004. Questo satellite è dotato di tre rilevatori per raggi X, raggi gamma e luce ultravioletta.

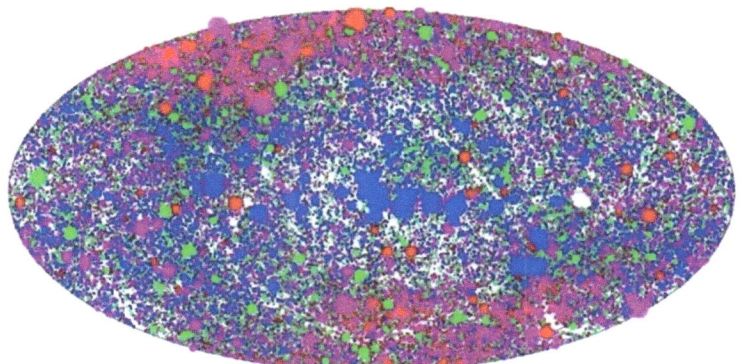

Catalogo ROSAT rilasciato nel 2016 che mostra l'Universo nei raggi X con osservazioni di potenti buchi neri in fase di accrescimento, ammassi giganti di galassie, stelle attive e resti di supernove. Il colore indica la frequenza e la dimensione dei punti è proporzionale alla intensità dei raggi.

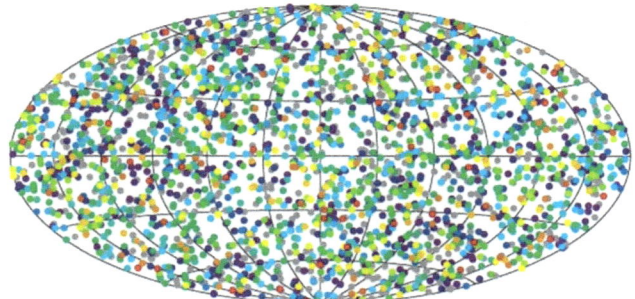

Mappa dei soli raggi gamma rilevati dai satelliti. I colori identificano le lunghezze d'onda.

Onde gravitazionali

Mai nella storia della scienza un oggetto fu così evanescente ed introvabile come le **onde gravitazionali**.

Personalmente ne ho sentito parlare dai tempi dei miei studi universitari, molti anni fa e sempre si diceva che la gravitazione, la più antica e nota forza, sicuramente le genera, ma nessuno strumento le aveva trovate.

Devo dire che, sarà un caso, sarà fortuna, ma proprio mentre mi accingevo a redigere questo mio primo volume, che non comprendeva questo argomento, sento alla televisione che forse, ma, chissà ... due benedetti buchi neri distanti oltre un miliardo di anni luce da noi, scontrandosi, hanno emesso un'enorme massa energetica sotto forma di onde gravitazionali che si sono da allora diffuse in tutto l'Universo e che un loro flebile vagito è giunto fino a noi e che per la prima volta strumenti terrestri le hanno registrate.

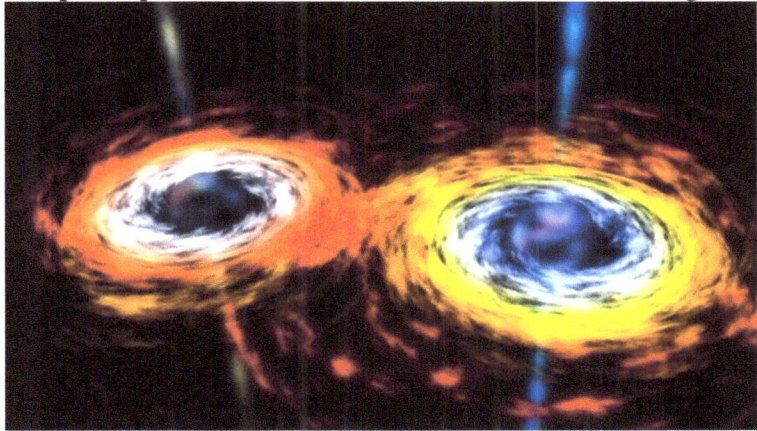

Raffigurazione artistica dello scontro di due buchi neri

Mi sono precipitato subito a cambiare il piano di lavoro ed ho inserito le onde gravitazionali in questo primo lavoro della serie Astrofisica. Mi riservo poi di dedicare un volume completo all'importante argomento delle onde gravitazionali.

Ho quindi ricercato tutte le notizie possibili su questo ritrovamento per farne l'oggetto di queste prime mie righe non previste.

Prima di trattare dell'incredibile scoperta, è opportuno spendere qualche parola su cosa sono queste onde, perché sono state previste e come dovrebbero comportarsi in base alle teorie.

L'argomento nasce dalla teoria generale della relatività e da lì si riflette sulla nostra Astrofisica poiché è appunto nell'immensità dello spazio, anzi dello spazio-tempo, che si dovrebbero manifestare per effetto della gravità come appunto la teoria prevede.

In questo capitolo ci limitiamo alle considerazioni che interessano l'Astrofisica e quindi alla loro manifestazione ed alla strumentazione tecnologica coinvolta, rimandando il lettore interessato ai modelli teorici che le studiano ed alla copiosa e difficile letteratura scientifica che le riguarda.

Ricordo solo che qui siamo nelle teorie einsteiniane, teorie che agli inizi degli anni venti del secolo scorso hanno descritto cosa succede nel grande spazio geometrizzato, dove la massa incurva lo spazio-tempo come fosse un tappeto elastico.

Inoltre dobbiamo sottolineare come nel mondo dell'ultrapiccolo, cioè all'interno dell'atomo, operino quattro forze fondamentali: la forza forte (bella espressione che però rende l'idea), la forza debole, la forza elettromagnetica e la forza di gravità.

La forza più esigua di tutte è proprio la nostra forza di gravità che per farsi sentire ha bisogno di grandi masse ed infatti è la forza dominante nell'Universo, ma che all'interno dell'atomo è totalmente trascurabile.

Sappiamo ormai tutto con precisione sulle altre tre forze fondamentali, come operano nel mondo subatomico, i loro parametri e le particelle che le trasportano con i relativi effetti di campo, non sappiamo ancora bene come la forza di gravità agisca.

La forza elettromagnetica ad esempio, la più nota delle tre, opera con un campo elettromagnetico dove si manifestano le onde elettromagnetiche con i loro fotoni che persino il nostro occhio riceve e ci fa "vedere ciò che vediamo".

E' quindi naturale ritenere che anche la forza di gravità agisca in un suo campo in cui onde gravitazionali, come le ode elettromagnetiche, si propaghino ed in cui particelle, dette gravitoni, similmente ai fotoni, dovrebbero trasmetterla.

Tutto logico e del resto che il campo gravitazionale esista e si propaghi nello spazio è di tutta evidenza ed è teoricamente descritto in grande dettaglio da Einstein nella sua teoria generale della relatività.

Detto questo però c'è un mistero in quanto i benedetti gravitoni non sono mai stati trovati, nemmeno ora che le onde gravitazionali si sono chiaramente evidenziate su nostri strumenti appositamente costruiti.

In realtà, nonostante la gravità su grande scala sia predominante e addirittura forgiatrice di mostri come i buchi neri, i calcoli forniscono, per quanto riguarda le dimensioni dei gravitoni, valori talmente piccoli che forse non siamo ancora riusciti a vederli per l'insufficiente sensibilità dei nostri rivelatori.

Del resto, anche per le onde gravitazionali, le increspature che creano nello spazio-tempo, sono così minuscole dall'essere state al di fuori della portata dei nostri strumenti ... almeno fino ad ora.

Per avere un'idea delle sensibilità necessarie per rilevarle occorre sapere che l'esperimento che ha permesso ora di osservarle è stato generato da un evento catastrofico, che ha visto scontrarsi due giganteschi buchi neri di 36 e 29 masse solari rispettivamente e che in pochi istanti ha trasformato in energia gravitazionale la massa equivalente di 3 masse Solari, immane energia emessa sotto forma di onde gravitazionali.

Questa enorme energia viene calcolata essere equivalente a 50 volte quella emessa nello stesso tempo da tutto l'Universo e nonostante questa intensità, l'increspatura dello spazio-tempo giunta a noi e rilevata dai nostri strumenti è risultata avere una dimensione pari ad una frazione piccolissima di un protone.

Chiaro che, per registrare onde gravitazionali generate da eventi meno catastrofici, la sensibilità dei nostri strumenti deve essere di diversi ordini di grandezza maggiore e vedremo come fare più avanti.

In grande sintesi, le onde gravitazionali perturbano il campo gravitazionale, che non è altro che tutto lo spazio-tempo e quando passano modificano questo spazio-tempo che oscilla accorciandosi ed allungandosi ed accorciando ed allungando la materia che in quel momento si trova dove l'onda passa.

Si può paragonare il passaggio delle onde gravitazionali all'onda nell'acqua quando passa tra due tappi che galleggiano vicini e li fa oscillare avvicinandoli ed allontanandoli fra di loro.

Solo che, nel nostro caso anche il rimbalzo nello spazio dell'esplosione di una supernova provoca sulla Terra delle modifiche dello spazio-tempo dell'ordine di miliardesimi del diametro di un protone e rilevarlo è tutt'altro che semplice.

Ecco quindi che il recente annuncio del passaggio per la prima volta di un'onda gravitazionale rilevata identica e contemporaneamente da più strumenti sensibilissimi e posti molto lontani fra loro non solo fa notizia, ma conferma che quell'onda passando ha accorciato ed allungato l'intero nostro pianeta ... anche se di pochissimo.

Tra l'altro in quel breve tempo in cui l'onda ha attraversato la Terra, ci siamo allungati ed accorciati pure noi, ma non ce ne siamo accorti!

Tornando al parallelo con le onde elettromagnetiche ed al loro campo elettromagnetico va detto che i fotoni, le particelle che ne trasportano la forza, sono interpretate scientificamente anche come perturbazioni del campo stesso, perturbazioni descritte matematicamente dalle teorie di campo sviluppate oltre un secolo fa.

La teoria dei campi, una parte della matematica avanzata che li studia, fornisce infatti alla fisica moderna gli strumenti teorici per lo studio dei campi reali.

La teoria generale della relatività estendendo alla gravità il concetto di campo, fino ad allora dominio dell'elettromagnetismo, giunge a descrivere le perturbazione dello spazio-tempo prevedendo appunto le onde gravitazionali e calcolandone anche la loro dimensione.

Sempre la teoria generale della relatività prevede che queste onde debbano propagarsi alla velocità della luce, quindi l'osservazione visiva di un fenomeno esplosivo distante dalla Terra anche molti milioni di anni luce dovrebbe presentarsi a noi contemporaneamente con una perturbazione dello spazio-tempo, cioè con le onde gravitazionali, ed una perturbazione del campo elettromagnetico, cioè luce, raggi X e raggi gamma.

E così in effetti le onde gravitazionali che si sono presentate a noi ora e la cui notizia è stata data nel febbraio 2016, sono state accompagnate da un lampo di radiazione elettromagnetica che ha permesso agli astronomi di determinarne la lontana origine.

Torniamo alla teoria generale della relatività, oggi una delle teorie più verificate in pratica ed ancora una volta confermata da questo evento catastrofico.

Questa teoria afferma che tutto si muove, luce compresa, in un campo spazio-temporale, deformabile dalle masse in esso contenute secondo ben precise equazioni.

La Terra non gira intorno al Sole perché attratta dal Sole, ma perché il Sole incurva lo spazio intorno a sé e la Terra percorre quello spazio curvato.

Se un raggio di luce passa vicino al Sole questo incurva la sua traiettoria perché il Sole curva lo spazio che il raggio deve percorrere.

Ma allora se è così, anche lo spazio-tempo, questo immenso mare in cui tutto è immerso, ha le sue perturbazioni, quelle che solo ora sono state verificate sperimentalmente e, per di più, dovremmo rilevare la presenza di particelle, gli sfuggenti gravitoni appunto.

Per il momento non possiamo fare altro che lasciare a futuri esperimentio il compito di trovarli e visto che le loro onde sono state percepite e misurate, certamente gli scienziati staranno perfezionando qualche diavoleria per scovarli: non ci resta che aspettare.

Passiamo ora ad analizzare quello che si sa dell'esperimento annunciato dagli scienziati nel febbraio 2016, e con giusto scalpore, cominciando con un esempio da loro stessi suggerito e citato all'inizio del capitolo.

Se mettiamo due tappi a galleggiare sull'acqua ad una certa distanza fra di loro e teniamo sotto controllo la loro distanza, quando un'onda passa tra di loro sicuramente la loro distanza oscillerà intorno ad un certo valore: cioè i tappi ondeggeranno avvicinandosi ed allontanandosi, seguendo il movimento dell'onda.

Per rilevare le onde gravitazionali si è sfruttato un sistema simile solo che, invece dei tappi nell'acqua, si è dovuto usare qualcosa d'altro e di ben più sensibile per il campo gravitazionale, o meglio, per lo spazio-tempo quadridimensionale che doveva oscillare.

L'onda gravitazionale passando alternativamente allarga e restringere lo spazio-tempo di una misura infinitesima tra due tappi virtuali e tutto ciò che si trova in quel momento nello spazio, un muro, una casa, un metro, ecc. si allunga e si allarga.

Riuscendo quindi a misurare queste modifiche in lunghezza si rileva l'onda gravitazionale che passa. Semplice a dirsi ma i calcoli dicono che per generare un'onda di pochi miliardesimi di millimetro occorre una perturbazione generata da un'immensa esplosione galattica, esplosione di milioni di masse pari al Sole e misurare una lunghezza così piccola è davvero un'impresa colossale.

Quindi è vero che sono stato fortunato come autore intento a scrivere di Astrofisica proprio mentre la stampa riportava che per la prima volta si sono registrati sulla Terra i segnali, sotto forma di onde gravitazionali.

Posso scriverne ora grazie allo scontro di due enormi buchi neri, a circa un miliardo di anni luce dalla Terra, che ha generato un cataclisma tale che è arrivato fino a noi ora,

Così, tre strumenti ultrasensibili, di cui uno italiano, hanno registrato contemporaneamente quest'onda che ha viaggiato per un miliardo e trecento milioni di anni per farci questa bella sorpresa e per farci esclamare: eureka, allora è vero voi, introvabili onde gravitazionali, esistete proprio!

Lo strumento più importante dei tre che ha compiuto questo miracolo è l'interferometro più grande esistente sulla Terra il cui nome fa **LIGO (Laser Interferometer Gravitational-Observatory)** e si trova negli Stati Uniti a Livingston, nella Luisiana, realizzato dalla collaborazione tra il **Caltech** ed il **MIT** e costato 360 milioni di dollari.

Questo interferometro lavora congiuntamente ad un altro simile, che si trova a Richland nello stato di Washington.

L'esperimento ha coinvolto anche l'interferometro **VIRGO**, presso Pisa, che fa parte del progetto europeo **EGO (European Gravitational Observatory)**, che pure ha registrato il passaggio di queste onde gravitazionali.

Così, dopo accurate verifiche, gli scienziati l'11 febbraio 2016, hanno pubblicato un articolo che descrive la prima osservazione diretta di onde gravitazionali costituita da un segnale ricevuto al tempo UTC 09,51 del 14 settembre 2015, causata da due buchi neri di oltre 30 masse solari i quali si sono fusi tra di loro a circa 1,3 miliardi di anni luce dalla Terra.

Nella foto che segue si vede l'interferometro LIGO ripreso dall'alto con i suoi due bracci perpendicolari lunghi 4 km ed in grado di rilevare spostamenti di 10^{-18} metri, cioè meno di un milionesimo del diametro di un atomo.

Interferometro LIGO che ha partecipato al primo rilevamento di onde gravitazionali. Misura 4 km per lato e rileva perturbazioni di meno di 10^{-18} metri di lunghezza, sensibilità necessaria per ascoltare le onde gravitazionali.

Cosa significa questa conferma sperimentale? Sicuramente si aggiunge un altro importante tassello alla prova di quanto le teorie di Einstein siano esatte; inoltre, se le delicatissime misurazioni che gli scienziati hanno effettuato confermeranno anche la correttezza quantitativa delle previsioni teoriche, allora si aprirà la via ad ulteriori calcoli e quindi a ricerche previsionali sui grandi misteri che ancora avvolgono la materia oscura e l'accelerazione dell'espansione dell'Universo. Potremo fare un ulteriore passo indietro verso il Big Bang ed avvicinarci sempre più all'istante iniziale della nascita dell'Universo.

Esaminiamo tecnologicamente come questi mostruosi interferometri terrestri sono stati costruiti per renderli in grado di misurare lunghezze così infinitesime e come si possa pensare di realizzarne con sensibilità ancora superiori.

Il principio si basa sul far interferire fra di loro due raggi laser emessi da una stessa sorgente e sovrapporli su uno schermo dopo averli opportunamente riflessi.

Onde gravitazionali

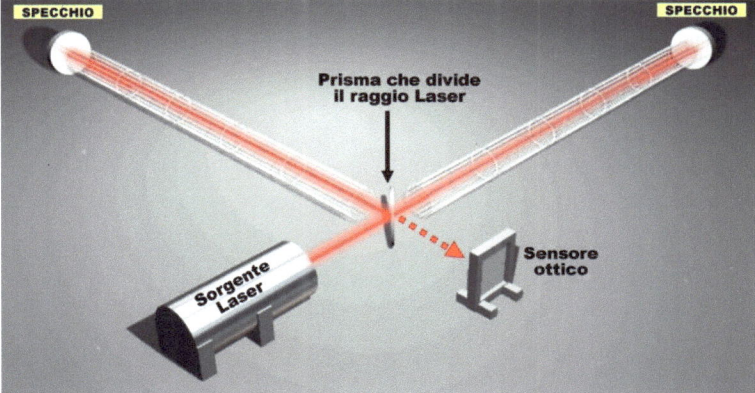

Funzionamento dell'interferometro LIGO. Due raggi Laser perpendicolari si sovrappongono su un sensore: se le due lunghezze sono identiche la sovrapposizione è perfetta, se un'onda gravitazionale deforma le lunghezze dei bracci la sovrapposizione si altera.

Se le distanze percorse dai due raggi sono esattamente identiche, i due raggi giungono allo schermo perfettamente in fase e le due onde luminose si sovrappongono con grande precisione ed il sensore è in grado di verificare dall'allineamento che nessun'onda gravitazionale sta passando.

Se invece interviene anche un piccolo allungamento o restringimento su uno dei due bracci rispetto l'altro, sullo schermo appare una linea frastagliata, anziché una linea perfetta, ed i tecnici, se riescono ad escludere ogni interferenza terrestre, concludono che si tratta del passaggio di un'onda gravitazionale.

L'esempio della figura che segue spiega bene questa operazione.

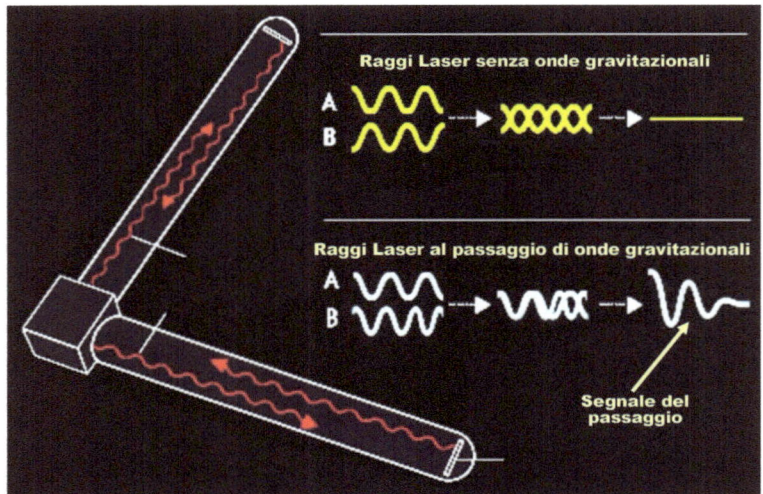

Effetto del passaggio di onda gravitazionale su un interferometro Laser.

Si può già comprendere con quante difficoltà i tecnici si siano scontrati per realizzare un sistema così perfetto affinché nessun elemento estraneo o vibrazione terrestre influenzasse lo strumento.

I percorsi dei raggi avvengono nel vuoto più spinto e specchi e le apparecchiature Laser sono sospese da speciali attuatori che annullano ogni effetto estraneo.

Se immaginiamo un sistema simile che galleggi su una superficie d'acqua perfettamente in quiete, al passaggio di un'onda vedremmo oscillare il sistema e gli specchi allontanarsi ed avvicinarsi creando sullo schermo, dove si trova il sensore ottico, delle oscillazioni provocate dai due raggi laser non più perfettamente sovrapponibilii.

Il nostro sensore rivelerebbe all'osservatore come un'onda stia passando anche senza che l'onda sia visibile.

Il LIGO, ed anche gli altri interferometri gravitazionali terrestri, operano proprio così, solo che qui abbiamo a che fare con onde di dimensioni veramente infinitesime.

Lo schema dell'esperimento, con il passaggio dell'onda gravitazionale, è illustrato nella figura seguente dove, data la direzione dell'onda, questa altera un solo braccio trasversale al suo passaggio e non l'altro braccio. Comunque, qualsiasi fosse la direzione dell'onda questa altererebbe in modo diverso le lunghezze dei due bracci rivelandosi sempre.

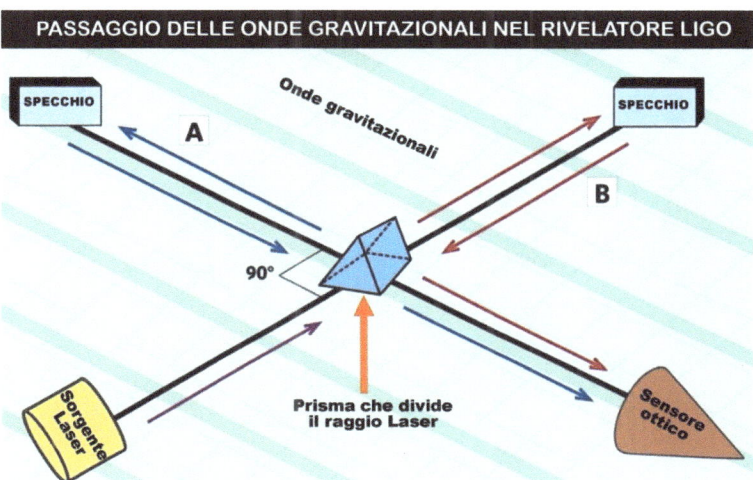

Il sensore ottico sovrappone i due raggi laser dopo che questi hanno percorso distanze perpendicolari esattamente identiche. Se un'onda gravitazionale arriva i due percorsi vengono leggermente modificati e la differenza registrata.

Nel passato vi sono stati diversi casi in cui si credeva di aver scoperto il passaggio delle onde gravitazionali, mentre da analisi accurate eseguite a posteriori si erano sempre dimostrati rilevamenti falsi dovuti a rumore di fondo dell'Universo o a interferenze terresti.

Per evitare questo tipo di problemi ed accertare con matematica sicurezza che questa volta ci si è imbattuti veramente nelle onde gravitazionali, dopo il passaggio dell'onda, si sono sovrapposti i segnali provenienti da interferometri collocati in più punti della Terra e, considerata la loro contemporaneità verificata con orologi atomici, si è giunti alla certezza che quel qualcosa che, per un brevissimo istante è passato, erano finalmente le tanto cercate onde gravitazionali.

L'immagine che segue fornisce la prova di quanto annunciato e cioè sovrappone i risultati dell'interferometro a Hanford e dell'interferometro a Livingston.

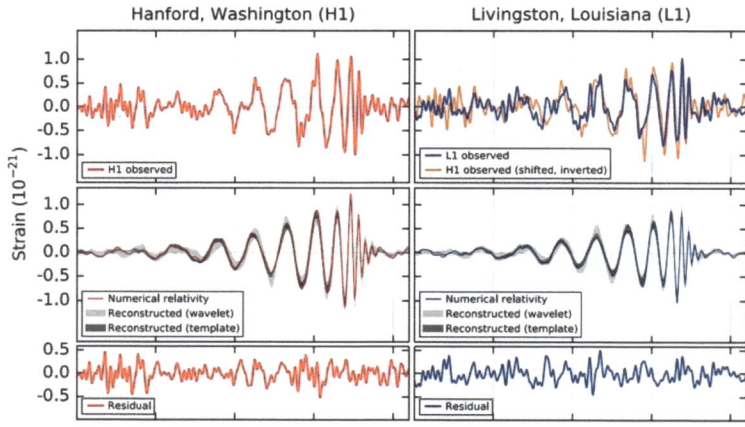

Risultati sovrapposti degli interferometri di Hanford e di Livingston.

L'esplorazione dell'Universo mediante l'utilizzo delle onde gravitazionali è solo appena cominciata ed è destinata ad allargare di molto quanto noi già abbiamo scoperto con le onde elettromagnetiche, il cui spettro spazia dalle onde radio, ai raggi X ed ai raggi gamma e forse sta nascendo una nuova rivoluzione scientifica.

I nostri lontani antenati potevano basarsi solo sulla percezione del nostro occhio e quindi studiare la volta celeste mediante la luce visibile. Questo metodo portò gli Assiro Babilonesi a distinguere le stelle fisse da quelle mobili (i pianeti) ed a concludere che tutte insieme giravano intorno alla Terra che restava fissa al loro centro.

Questa convinzione, il **geocentrismo tolemaico**, ha retto per millenni, fino a che **Copernico** nel 1600 capì che le cose non stavano proprio così, ma che era la Terra a girare intorno al Sole.

Rivoluzione copernicana presto confermata grazie all'utilizzo di un amplificatore delle onde ottiche, il cannocchiale, che permise a Galileo e ad altri astronomi di verificare quanto

Copernico avesse ragione ... e Copernico sfuggì dall'essere bruciato sul rogo dalla Sacra Inquisizione, poco sensibile a nuove scoperte scientifiche, solo perché la sua teoria fu pubblicata dopo la sua morte.

La conoscenza di come fosse il nostro Universo stava migliorando, grazie ai nuovi strumenti ed alle nuove scoperte, comunque per altri tre secoli siamo rimasti convinti che l'Universo coincidesse con la nostra galassia, la Via Lattea.

L'astronomo Hubble con il potente telescopio del Monte Wilson ha poi dimostrato che l'Universo è ben più grande della sola nostra via Lattea, addirittura che è composto da centinaia di miliardi di galassie ciascuna con centinaia di miliardi di stelle: un bel salto!.

Hubble non solo ha allargato immensamente il nostro orizzonte spaziale, ma ha anche scoperto che le galassie si allontanano fra loro o meglio, come diremmo oggi, che lo spazio stesso si allarga allontanandole da noi e che le più lontane si allontanano ad una velocità sempre più alta.

E' a questo punto che si cominciò a pensare come il tutto sia iniziato da un'esplosione, da un gigantesco Big Bang, e che noi, con la nostra Terra, ci troviamo nel bel mezzo di una espansione, conseguenza di quella esplosione.

Oggi la nostra capacità di osservare il cielo stellato si allarga enormemente, aggiungendo alla luce visibile ed a tutte le onde elettromagnetiche, un mondo tutto nuovo scrutabile con le onde gravitazionali.

Solo che avremo bisogno di strumenti estremamente grandi, dovremo costruire interferometri addirittura più grandi del nostro stesso pianeta.

D'altra parte, se gli astrofisici vogliono indagare anche le più piccole increspature dello spazio-tempo, cioè quelle provocate dalla presenza di corpi celesti normali e non solo i rarissimi catastrofici eventi come quello appena visto, i bracci degli interferometri dovranno avere lunghezze di centinaia di migliaia di chilometri o meglio, addirittura di milioni di chilometri.

A quanto pare qualcuno ci ha già pensato ed è nato un ambizioso progetto denominato **LISA (Laser Interferometer Space Antenna)** che intende utilizzare il sistema planetario intorno alla Terra per dispiegare dei bracci per l'interferometro lunghi 5 milioni di chilometri.

L'idea veramente fantascientifica consiste nel posizionare tre satelliti ai vertici di un triangolo equilatero di 5 milioni di chilometri per lato ed in orbita sincrona con la rivoluzione terrestre.

PROGETTO DI INTERFEROMETRO SPAZIALE LISA

Progetto di interferometro spaziale LISA con bracci ottici di 5 milioni di km.

I satelliti saranno tenuti ad una precisa distanza fra loro da opportuni interferometri laser e potranno rilevare e comunicate a terra anche debolissime onde gravitazionali.

La sensibilità di un simile apparato dovrebbe essere 10 milioni di volte superiore a quella del LIGO ed in grado di scrutare l'universo indietro nel tempo, fino a quasi l'istante d'inizio dal Bing Bang, un'area inesplorabile con la radiazione di fondo, perché l'universo in quei primi istanti era opaco alle onde elettromagnetiche, ma non a quelle gravitazionali.

Il progetto LISA è appena iniziato in collaborazione tra la Nasa e l'Europea Esa e se ne prevede il lancio non prima di 15 anni.

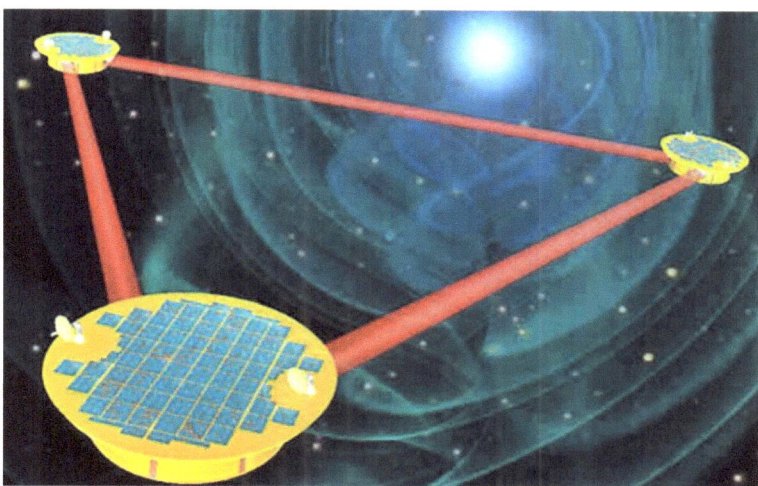
Immagine illustrativa dell'interferometro LISA

Questo "telescopio gravitazionale" ultrasensibile rileverà minime increspature delle onde gravitazionali ed in collaborazione con i satelliti che continueranno a ricevere la radiazione elettromagnetica di fondo con sensori sempre più sensibili, ci forniranno una radiografia perfetta di come l'Universo si è evoluto da qualche miliardesimo di secondo dopo il Big Bang e fino ad oggi.

Come visto nel capitolo riguardante la radiazione di fondo, che è un'onda elettromagnetica, questa rappresenta il lontana eco dell'esplosione iniziale del Bing Bang partita 400.000 anni dopo l'inizio del tutto e quindi dobbiamo esplorare ancora questi 400.000 anni iniziali.

Con le onde gravitazionali aggiungiamo un nuovo metodo per indagare quel periodo precedente, cioè quando la radiazione di fondo elettromagnetica non era ancora nata e cioè molto più indietro nel tempo dei 400.000 anni e forse fino ad un brevissimo istante dopo il Big Bang, quando la gravità cominciò a manifestarsi.

Il seguente diagramma della NASA mostra le frequenze delle onde gravitazionali in relazione agli oggetti che le generano e gli strumenti per rilevarle.

Nel diagramma vengono anche indicati le frequenze rilevabili da altri strumenti nell'area delle onde elettromagnetiche.

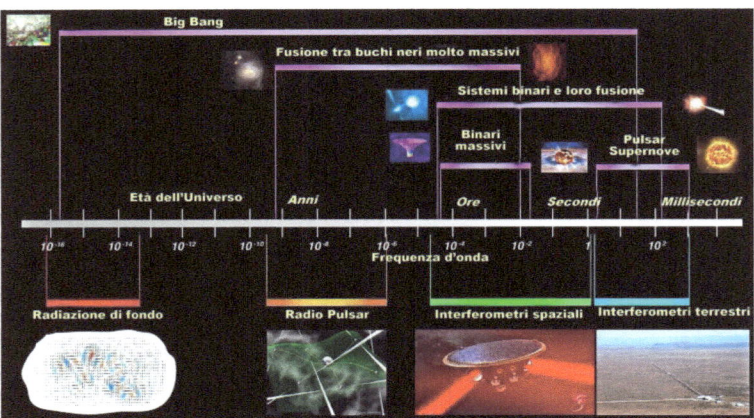

Spettro di tutte le frequenze che percorrono l'universo (NASA).

Quindi saremo in grado di coprire una grande banda di frequenze che da pochi Hertz arriva ai raggi X ed ai raggi gamma e per questo ci serviremo anche di nuovi satelliti artificiali.

Con le onde gravitazionali e gli enormi interferometri spaziali isolati dai rumori di fondo della Terra non mancheranno di certo nuove scoperte ed un capitolo dalle sorprese ancora inimmaginabili si aprirà presto per gli appassionati di Astrofisica.

Questi strumenti spaziali saranno in grado di leggere increspature dello spazio-tempo non più grandi di miliardesimi di miliardesimi di un protone e con le loro enormi dimensioni lineari riusciranno a captare quei piccolissimi segnali che ogni evento gravitazionale provoca od ha provocato nel passato e così potremo radiografare con incredibili dettagli il nostro Universo e conoscerlo come nemmeno la più arguta fantascienza potrebbe inventarsi.

Nove, Supernove, Ipernove e GRB

In questo capitolo tratteremo sommariamente l'argomento dell'evoluzione delle stelle massicce, supermassicce e ipermassicce e del mistero dei raggi GRB che hanno attanagliato gli scienziati per decenni.

Si tratta di eventi che coinvolgono stelle con massa molto superiore a quella del Sole e la cui forza di gravità è tale che a fine vita le porta ad esplodere generando per un breve intervallo di tempo una forte luminosità con emissioni energetiche istantanee paragonabili a quelle anche di milioni di Soli.

Le stelle che esplodono a fine vita vengono classificate in tre grandi categorie in base alla loro luminosità, e dimensione:

Nove (o Novae)
Supernove
Ipernove

Le **nove** formano una categoria abbastanza comune e se ne scoprono diverse ogni anno nella nostra galassia, quasi sempre non visibili ad occhio nudo.

Le **supernove** sono molto più rare e sicuramente quella che nell'anno 1054 ha illuminato la Terra di notte come fosse giorno era senz'altro una supernova.

Per quanto riguarda le **ipernove**, oggetto principale di questo capitolo invece, non sembrano appartenere alla galassia come la nostra.

Osservando anche i resti del lontano passato nella via Lattea non siamo riusciti, fino ad ora, a trovare testimonianza che vi siano state delle ipernove, mentre recentemente ne sono state individuate molte in galassie estremamente lontane.

L'unica e la più importante esplosione nella nostra galassia apparsa durante la storia dell'umanità è descritta dagli storici che riportano l'esplosione luminosissima di una stella nel 1054.

Questa esplosione è classificata come supernova ed ha la sua origine da una stella con una massa molte volte superiore alla massa solare, esplosione che ha terrorizzato gli abitanti della Terra di quell'epoca.

I resti di questa supernova, che oggi chiamiamo nebulosa del Granchio, si trovano nella costellazione del Toro e la nube formatasi con i gas espulsi dalla stella originaria sono oggi ben visibili da ambedue gli emisferi terrestri.

I racconti di chi allora osservò questa esplosione riportano che fosse perfettamente visibile anche di giorno nonostante la stella esplosa si trovasse a 6.500 anni luce da noi.

Come abbiamo studiato nei capitoli precedenti, la massa di questa stella, prima di esplodere, superava il limite di Chandrasekhar, ma non quello per generare un buco nero per cui oggi, al centro della nebulosa di gas espulso dall'esplosione, si è formata una stella di neutroni che ruota alla velocità di 30 giri al secondo emettendo potenti impulsi di raggi X rilevati da vari satelliti.

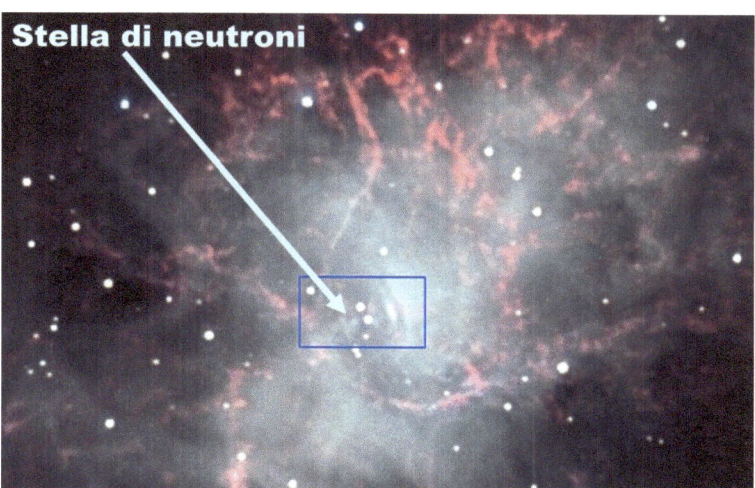

Nebulosa del Granchio, come appare oggi la zona dove nell'anno 1.054 è esplosa una stella gigante in una supernova che ha proiettato all'esterno ingenti quantità di materia e formato al suo centro una massiccia stella di neutroni.

Se la massa fosse stata paragonabile a quella delle ipernove, che noi oggi sappiamo trovarsi ad oltre un miliardo di anni luce dalla Terra, sicuramente l'esplosione e l'emissione delle relative radiazioni avrebbe, nell'anno 1.054, estinto tutti gli esseri viventi sulla Terra.

La scoperta delle Ipernove è relativamente recente perché queste si rivelano a noi inviandoci potentissimi raggi gamma, raggi che la nostra atmosfera non lascia passare e che quindi possono essere ricevuti solo al di fuori dell'atmosfera.

I primi flash di raggi gamma provenienti dallo spazio sono stati registrati da strumenti montati su palloni sonda, una volta giunti nell'alta atmosfera, e da satelliti militari che avevano ben altro compito che studiare il cosmo.

Questi satelliti militari furono immessi in orbita intorno alla Terra alla fine degli anni sessanta, durante la guerra fredda, per rivelare eventuali esplosioni atomiche del nemico, esplosioni che sono sempre accompagnate da un'emissione rilevabili di raggi gamma.

I primi avvistamenti non furono per nulla capiti e del resto non si disponeva né di strumenti né di modelli teorici per studiarli per cui rimasero un vero mistero per molti anni.

E' solo col lancio del satellite artificiale Compton nel 1991 che si riuscì a creare una mappa dei flash gamma che giungevano sulla Terra, flash che vennero definiti con la sigla **GRB (Gamma Ray Burst)** e ciascuno veniva identificato con la data e l'ora dell'attimo in cui erano stati ricevuti.

Il Compton comunque non riuscì ad individuare la fonte da cui questi raggi si originavano, anche perché avevano una durata di pochi secondi, ma fu sufficiente per far comprendere agli studiosi che erano tutt'altro che un fenomeno isolato anzi, più se ne registravano e più aumentava lo sconcerto tra gli esperti.

Presto si capì come stranamente nessun GRB provenisse dalla nostra stessa galassia, nonostante l'elevata energia con cui venivano ricevuti facesse supporre che la sorgente dovesse essere molto vicina.

Si calcolava infatti che per giungere a noi con così tanta energia la sorgente non poteva che essere vicina alla Terra o che, almeno, facesse parte della nostra galassia.

Per quanto riguarda poi in generale la frequenza di questi eventi catastrofici, si sapeva che, ad esempio, per le supernove mediamente se ne dovrebbe presentare una per ogni secolo per galassie come la nostra e quindi le ipernove avrebbero dovuto essere estremamente più rare mentre di questi GRB se ne registravano praticamente ogni giorno.

Gli astronomi, ad esempio, sapevano benissimo questi dati ed infatti tengono d'occhio ancora oggi una probabile supernova il cui nome è **Eta Carinae** e la cui massa si calcola in centinaia di masse solari.

Eta Carinae potrebbe persino dare origine ad una ipernova, e sarebbe la prima da milioni d'anni nella nostra galassia, se esplodesse, ma la cosa non è certa e comunque speriamo che non accada ora.

Il mistero quindi era fittissimo ed apriamo una piccola parentesi per capire quali sono gli ordini di grandezza delle masse in gioco, masse con cui gli scienziati avevano a che fare per i loro calcoli.

La figura che segue mostra la scala delle masse a partire delle stelle di neutroni con massa paragonabile al nostro Sole per giungere ai giganteschi buchi neri con milioni di masse solari.

Questi ultimi sono veri mostri siderali, si trovano quasi sempre al centro di galassie e la loro crescita è dovuta ai milioni di stelle che si sono inghiottiti … e che continuano a inghiottire.

La massa dei corpi celesti raggiunge molti milioni di masse solari

Dai calcoli le stelle che esplodendo generano quei potenti raggi gamma dovrebbero aver dato origine ai buchi neri più massicci della figura vista e quindi essere delle vere giganti mai osservate prima.

Infatti, una volta ricevuti i dettagli tecnici di questi raggi dai satelliti in orbita (potenza, frequenza dell'onda, periodicità, ecc.) fu relativamente semplice calcolare l'energia emessa da parte dell'ignota sorgente se la si supponeva nella nostra galassia la cui dimensione era ed è chiaramente nota.

Ed ecco che da questi calcoli il mistero aumenta: in pratica se ne calcola l'energia che deve essere emessa per riempire una sfera di un raggio ipotetico a partire dall'energia misurata contenuta nel GRB ricevuto.

Sapendo quindi che il diametro della nostra galassia è di 100.000 anni luce, se supponendo che l'origine sia la più lontana possibile nella nostra galassia, per un calcolo approssimativo si può prendere un qualsiasi raggio tra 50.000 e 100.000 anni luce e quindi calcolare l'energia cercata.

Ed ecco la sorpresa: il valore che risultava dai calcoli richiedeva che la sorgente in pochi secondi trasformasse in energia una massa paragonabile al nostro Sole. Era impensabile che un evento così catastrofico non avesse una controparte nella banda ottica, cioè che una tale esplosione nella nostra galassia non fosse visibile addirittura ad occhio nudo.

Si capì così che la sorgente doveva essere extragalattica, quindi a milioni di anni luce, e questo fatto si evinceva dall'isotropia con cui i raggi arrivavano sulla Terra, cioè non avevano una concentrazione verso qualche direzione particolare.

Essendo la nostra galassia molto appiattita, se fossero generati nella via Lattea i flash non potrebbero essere distribuiti così uniformemente in tutto lo spazio, ma secondo direzioni preferenziali determinate dalla forma della galassia.

Quindi, la non visibilità delle sorgenti nella banda ottica cominciava a diventare chiara anche perché se la loro distanza era enorme, per i telescopi ottici diventava difficile osservarle.

Ma se questa supposizione risolveva il mistero della loro invisibilità, ne creava un altro ancora più grave: l'energia necessaria per coprire una sfera enormemente più grande della nostra galassia diventava decisamente al di sopra di ogni teoria nota sull'evoluzione delle stelle.

La curiosità degli scienziati per chiarire questi misteriosi GRB crebbe allo spasimo negli anni novanta del secolo scorso: erano di fronte ad un fenomeno assolutamente inatteso e con parametri al di fuori di ogni logica ed inoltre c'era l'incredulità che fenomeni che dovevano essere generati da esplosioni gigantesche non fossero ancora state individuate da nessun telescopio terrestre, nemmeno dal telescopio Hubble in orbita.

Per risolvere questo mistero furono preparati dei satelliti artificiali, con sensibilissimi sensori in grado di localizzare questi brevissimi raggi gamma e che inoltre potessero indirizzare istantaneamente i sensori a raggi X nella direzione del raggio gamma ricevuto.

Ci si può immaginare la sorpresa quando il satellite italo-olandese **Beppo-Sax**, nel 1997, riuscì ad individuare per la prima volta l'oggetto che aveva emesso un flash a raggi gamma rilevandolo alla distanza al limite dell'Universo osservabile e cioè ad oltre 10 miliardi di anni luce di distanza da noi.

Il mistero di chi generava gli GRB era risolto, era anche spiegato perché fosse praticamente impossibile che un telescopio ottico potesse vederne iln bagliore a quella distanza.

Ma laa storia dei misteri non solo non era risolta ma a quel punto, con quella distanza, i calcoli dell'energia all'origine in base all'equazione E=mc², richiedeva che il corpo che la emetteva dovesse trasformare in pochi secondi una quantità di materia in energia pari a milioni di Soli, al di fuori di ogni possibilità teorica.

Il rompicapo di questi raggi e di queste stelle raggiunse l'apice dell'assurdo quando, all'inizio del nostro secolo, un nuovo satellite, il Swift ancora oggi in orbita, ha scoperto alcuni GRB ad oltre 13 miliardi di anni luce di distanza da noi, cioè praticamente poco dopo il Big Bang, nel periodo iniziale della formazione delle stelle.

Il satellite **Swift** con i suoi cannocchiali per i raggi gamma, per i raggi X e per la luce visibile individua rapidamente l'esatta corrispondenza tra un particolare raggio GRB e la sua esatta direzione ed inoltre è collegato con telescopi a terra che si orientano con estrema rapidità nella direzione suggerita dal satellite quando riceve un GRB.

Tutto questo lavoro ha permesso di individuare le lontanissime galassie che ospitano queste ipernove e di studiarne anche lo spettro della luce e le emissioni di raggi X.

Data l'enorme distanza non si riescono ancora ad isolare le singole ipernove, ma comunque se ne individuano chiaramente le galassie di appartenenza quando le ipernove le illuminano.

Molto oggi si sa su questi fenomeni e lo studio dei flash gamma è sicuramente argomento che riserverà altre sorprese.

Ma prima di tornare alla questione energetica irrisolta vediamo la più recente mappatura spaziale dei raggi GRB ricevuti dal satellite Swift.

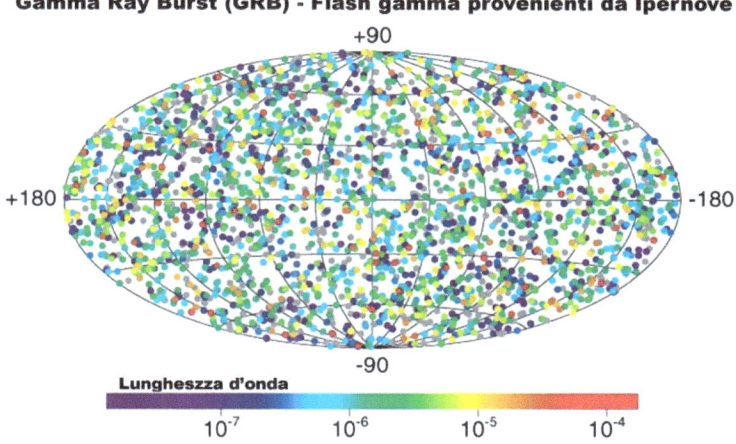

Mappa di GRB rilevati dai satelliti. I colori indicano la lunghezza d'onda

E' quindi assodato che gli GRP sono provocati da immani esplosioni al limite dell'universo e che arrivano a noi dopo miliardi di anni.

Il modello standard aveva da tempo previsto che le stelle nate all'origine dell'universo fossero estremamente grandi, tali che se sovrapposte al sistema solare ne coprirebbero lo spazio fino al pianeta Urano e forse anche oltre, ma comunque la teoria non spiegava ancora l'enorme emissione energetica calcolata dagli esperti.

Il mistero è stato risolto solo recentemente grazie alle simulazioni al calcolatore ed allo sviluppo di teorie specifiche sul comportamento di queste ipernove.

Infatti si è capito che, raggiunta la fase finale della loro esistenza, queste stelle gigantesche implodono violentemente in un buco nero per effetto della loro gravità , contemporaneamente scagliano all'esterno enormi quantità di materia.

La materia emessa forma un gigantesco disco che ruota assieme al buco nero ad altissima velocità: velocità circa di un terzo della velocità della luce.

Una volta iniziato il processo, il buco nero e tutto quello che gli gira intorno ruota secondo un asse e l'insieme genera un intenso campo magnetico che a sua volta proietta dei potenti getti di energia elettromagnetica, sotto forma di raggi X e raggi gamma, con una direzione ben precisa, quella dell'asse di rotazione.

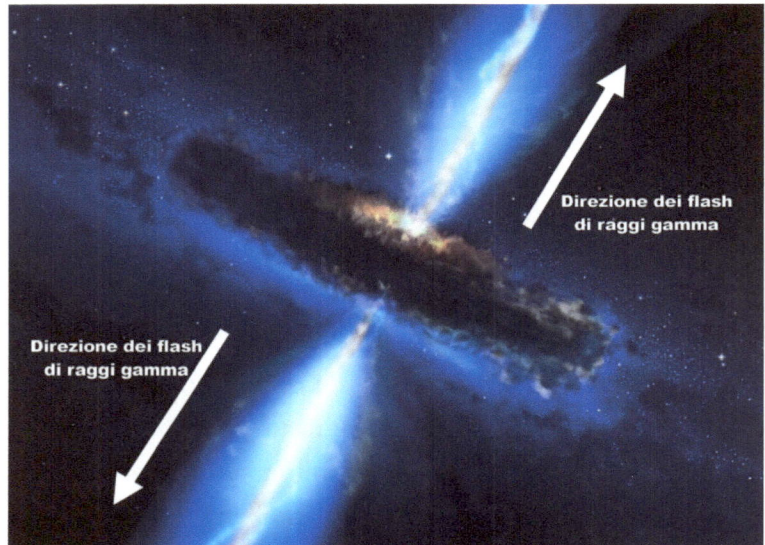

Origine direzionale dei Gamma Ray Burst prodotti da buchi neri rotanti ad alta velocità creatisi dopo l'esplosione di stelle giganti (Ipernove).

Quindi, secondo questo modello, noi riceviamo questi raggi solo da quelle ipernove il cui asse di rotazione è diretto verso di noi.

La conseguenza è che a noi non giungono tutti i GRB che si generano nell'Universo, ma solo i pochissimi che hanno l'asse orientato verso di noi, il che fa supporre che il numero di ipernove sia di gran lunga superiore a quello che si supponeva, probabilmente migliaia al giorno e non le poche unità registrate.

Inoltre, l'energia impiegata dalle sorgenti non è più quello spaventoso valore che si era calcolato all'inizio pensando che l'emissione non fosse direzionale, ma ora risulta essere una quantità più ragionevole e vicina alle logiche dei modelli noti.

Si calcola infatti che in pochi secondi quelle stelle brucino una massa equivalente a qualche frazione del nostro Sole e non ai milioni di Soli come da calcoli precedenti!

I parecchi misteri parrebbero essere stati risolti e queste ipernove hanno smesso di togliere il sonno a tanti astrofisici, ma non tutto è ancora stato scoperto e queste stelle esplose rimangono delle osservate speciali.

Dai loro resti poi si sono generate altre stelle che hanno inglobato elementi più pesanti sintetizzati nell'esplosione, invece del solo idrogeno ed elio, costituenti unici di quelle primitive stelle supermassicce, formando così stelle più piccole e stabili simili al nostro Sole.

Le ipernove quindi sono molto comuni solo all'inizio dei tempi, mentre oggi avvengono altre più modeste esplosioni di stelle, le nove e le Supernove, mentre vere e proprie ipernove, per fortuna, sono estremamente rare.

La teoria spiega inoltre che quelle primitive gigantesche stelle collassando si trasformassero subito in massicci buchi neri per effetto della loro grande massa: la loro importante funzione è stata quella di cospargere l'Universo di tutta la materia che conosciamo.

Gli scienziati dediti allo studio di questi corpi si sono anche posti la domanda di quale possa essere la loro frequenza oggi giungendo al numero visto all'inizio, cioè solo alcune ogni miliardo di anni per ogni grande galassia come la nostra.

Dobbiamo quindi sperare che una delle numerose stelle super massicce che vagano nella nostra galassia non si metta ad esplodere in un'ipernova altrimenti con le sue radiazioni potrebbe distruggere le astronavi che l'umanità si appresta a lanciare per esplorare lo spazio.

Forse è per questo che astronomi ed astrofisici stanno tenendo d'occhio la gigantesca stella blu Eta Carinae (in realtà recentemente rivelatasi una binaria formata da due stelle, una molto massiccia indicata con A ed una seconda, più piccola, indicata con B) che si trova al centro della nebulosa Omuncolo nella Costellazione della Carena.

Pare che questa ipergigante illumini la sua nebulosa con una luce 5 milioni di volte più intensa di quella del Sole e che abbia una massa quasi 100 volte maggiore del Sole ... sicuramente una perfetta candidata per una bella e pericolosa supernova e, forse, potrebbe anche generare in futuro una Ipernova!

Eta Carinae dista da noi 10.000 anni luce, cioè oltre 2.000 volte la distanza che divide noi dalla stella più vicina Proxima Centauri, distanza comunque quella di Eta Carinae troppo piccola per lasarci indenni qualora si trasformasse improvvisamente in una ipernova.

Un fatto comunque è certo: da quando la si osserva dal punto di vista astronomico questa stella si presenta oggi con una forte variabilità e sicuramente dalle sue parti ne sta combinando delle belle anche perché non si riescono ancora a spiegare le sue potenti emissioni di raggi X registrate recentemente dai satelliti.

La variabilità osservata in Eta Carinae ha periodicità temporale di pochi anni, molto breve se paragonata agli standard di altre stelle simili, e viene paragonata solo a quella che si è osservata in alcune ipernove lontane prima della loro esplosione per cui è possibile che Eta Carinae possa esplodere nei prossimi anni e ... potrebbero vederla, gli esseri umani di questa generazione.

Se succedesse avremmo un'osservazione scientifica di estremo interesse, ma questo potrebbe accompagnarsi a un disastro galattico anche per noi.

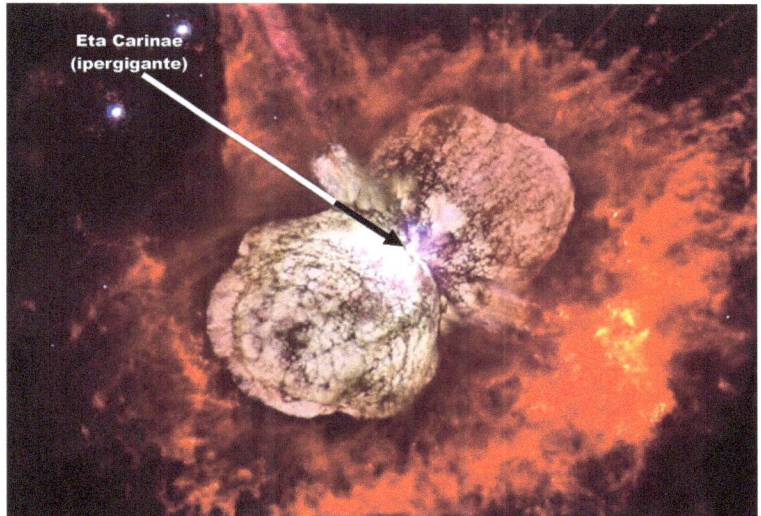

Costellazione Carena e nebulosa Omuncolo. Al suo centro Eta Carinae, una stella ipergigante blu nella sua fase finale e pronta ed esplodere in una ipernova.

Eta Carinae è tenuta sotto stretto controllo dagli astronomi e se ne seguono di continuo i cambiamenti, simulandola anche al computer e creando nuovi modelli per valutarne il comportamento futuro.

Ora sappiamo di cosa sono capaci le nostre care e romantiche stelle che osserviamo con affetto ed ammirazione in quelle splendide notti senza Luna e preferibilmente senza alcuna luce terrestre!

La nostra fortuna vuole comunque che i corpi celesti non seguono il nostro calendario e questa esplosione potrebbe capitare domani come fra un milione di anni per cui, statisticamente, non dobbiamo preoccuparci ... forse.

Lo studio affascinante iniziato col mistero degli GRB ha portato a conclusioni che ora possiamo leggere sulle riveste e sui testi specializzati i quali riportano in grande dettaglio le loro simulazioni al computer ed informazioni sul loro numero e sul loro comportamento ... al lettore incuriosito consiglio di seguire nel futuro questo meraviglioso argomenti.

Siamo di fronte ad una delle più recenti sfide che l'Astrofisica si sia trovata ad affrontare, sfida non ancora completamente conclusa e che ha sicuramente implicazioni profonde con la conoscenza dell'Universo.

Così finisce il capitolo sulle ipernove ... ma non la loro storia che è ben lungi dall'essere conclusa!

L'Universo ed il tempo

Di questo argomento, tipicamente cosmologico, l'umanità se ne è occupata fin dalla notte dei tempi.

Tutte le religioni hanno fornito una risposta alla domanda sul tempo trascorso e su come finirà, domanda collegata all'esistenza di un Essere Superiore che deve aver originato l'Universo e noi che ci siamo dentro.

L'Essere Superiore avrebbe definito le regole dell'evoluzione del tutto, cioè quelle che noi chiamiamo leggi e le avrebbe plasmate in modo che la nostra esistenza fosse possibile, una visione quindi antropocentrica dove l'uomo è al centro del tutto.

Naturale quindi che quest'Essere determini la fine del tempo e di noi tutti semplificando così la spiegazione di quell'inizio e di quella fine che la scienza è ancora ben lontana dallo spiegare e che forse non riuscirà mai a fare.

La scienza per definizione si occupa di analizzare la realtà, definirne modelli e verificarli in pratica ed è quello che noi faremo in questo capitolo lasciando alla filosofia ed alla teologia l'inoltrarsi in aree che non sono scientificamente raggiungibili.

L'Astrofisica, o più genericamente, la fisica moderna, grazie alle tecnologie di cui disponiamo è giunta scientificamente ad una risposta che ormai possiamo ritenere definitiva sul tempo trascorso, ma non ancora sul suo vero inizio e la sua futura fine.

E' provato scientificamente come 13,74 miliardi di anni fa l'Universo sia nato da quello che abbiamo chiamato Big Bang, anche se l'esatto inizio di quella strana esplosione è a tutt'oggi un grande mistero.

Sembra che noi ci si possa avvicinare sempre più alla conoscenza di quell'inizio senza mai poterlo raggiungere. Si riesce anche a capirne la struttura spostandoci indietro nel tempo di qualche istante verso l'inizio del Tutto, ma il punto zero rimane inafferrabile.

Non possiamo prevedere cosa la scienza potrà un giorno spiegare a questo riguardo, anche se già oggi fisici come Hawking formulano teorie che prevedono equazioni descrittive del Tutto senza che vi siano condizioni iniziali (condizioni che i matematici chiamerebbero "al contorno"). Ma si tratta di elucubrazioni mentali, disperati tentativi di estendere le nostre teorie attuai là dove proprio non valgono più.

Limitandoci a ciò che è scientificamente noto e non contraddetto dalle numerose prove descritte nei capitoli precedenti, possiamo affermare con ragionevole certezza che l'universo conosciuto da quegli ignoti istanti iniziali, si sia sviluppato come riportato nello schema seguente.

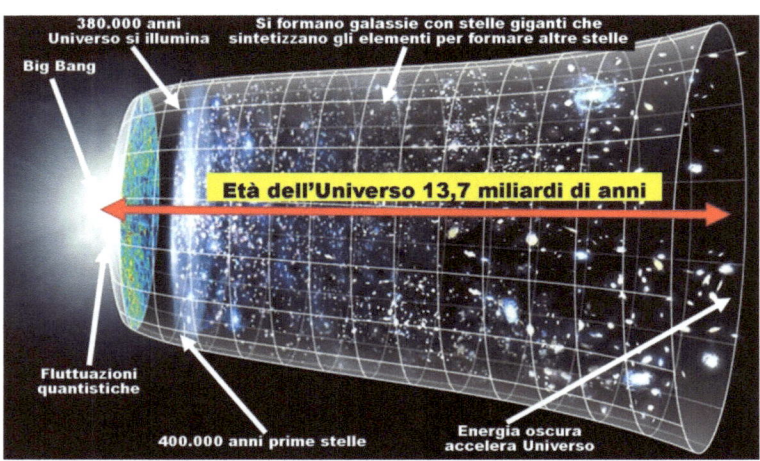

Dall'istante "quasi zero" ad oggi l'Universo ha compiuto poco più di 13,7 miliardi di anni... ed è ancora giovanissimo.

Il numero 13,7 potrà essere leggermente modificato da ulteriori misurazioni, si potranno aggiungere fatti nuovi, come la verifica che le costanti universali come la velocità della luce e la costante di Planck, non siano rimaste identiche fin dall'inizio dei tempi, come qualche scienziato paventa, ma sostanzialmente quel numero di anni appare ormai certo.

Che l'universo esista da circa 13 o 14 miliardi di anni possiamo considerarlo acquisito scientificamente grazie all'analisi delle galassie più lontane, alla scoperta della radiazione di fondo ed il tutto riscontrato con la fisica atomica, che rivela la storia e l'età della materia stessa.

Conosciamo quindi l'inizio del tutto che risale a circa 13,7 miliardi di anni fa, la formazione della nostra via Lattea 5,5 miliardi di anni fa ed infine la formazione del nostro pianeta risalente a 4,7 miliardi di anni fa, ma per quanto concerne a come il tutto finirà è un grande mistero: non si sa ne come ne quando.

L'Astrofisica oggi è riuscita a calcolare cosa c'era addirittura ad un tempuscolo infinitesimo posteriore all'istante zero del Big Bang, il così detto tempuscolo di Planck, un qualcosa pari ad uno zero virgola seguito da 35 zeri di secondo (cioè matematicamente un 10 elevato alla -35 secondi) ma non sappiamo prevedere il futuro con i modelli attuali.

Quel primo istante così vicino all'ignoto punto zero pare abbia un'importanza fondamentale, non solo per quello che sappiamo essere successo subito dopo, ma anche per la fine del tempo che l'ì è iniziato.

Infatti è a quel punto che la forza gravità si sarebbe separata dalle altre tre forze che tengono insieme l'atomo, ma ancora oggi non riusciamo a comprendere il comportamento futuro nell'Universo se non sappiamo come la gravità è nata: l'universo imploderà, si espanderà per sempre o si manterrà in un equilibrio per l'eternità?

Certamente lo scioglimento di questo mistero sulla fine del tutto dipenderà dalla nostra capacità di rivelare questa misteriosa forza gravitazione che governa l'evolversi dell'Universo.

Siamo riusciti a radiografare l'Universo primordiale ed opaco un istante dopo la perdita della sua opacità grazie ai fotoni, quando sono riusciti a liberarsi ed uscire, illuminando tutto ed arrivando fino a noi oggi come radiazione di fondo.

Ora, le onde gravitazionali estenderanno quella radiografia indietro nel tempo fino a quando si sono manifestate e cioè subito dopo il Big Bang e quindi dall'inizio del tempo da noi conosciuto.

Sarà questa la base per completare la grande domanda: quanto il tempo durerà ancora?

Negli ultimi anni si sono aggiunti altri due grandi misteri la cui soluzione è propedeutica a quella domanda: parliamo dell'energia oscura e della materia oscura che insieme rappresentano il 96% della materia-energia presente nell'Universo e di cui non conosciamo praticamente nulla.

E pensare che all'inizio del secolo scorso le conquiste scientifiche raggiunte avevano fatto credere agli scienziati che ormai della natura si conoscesse quasi tutto. Quale ottusità!

C'è voluto un altro secolo di incredibili conquiste scientifiche per scoprire che più del 90% della materia dell'Universo che pensavamo di conoscere ormai a fondo, non solo non la conosciamo, ma addirittura nessun nostro strumento riesce a rivelarla.

Sembra che la nostra sia la storia infinita di chi, procedendo sull'autostrada della scienza verso il suo orizzonte finale, scopra che quell'orizzonte si allontana sempre di più, anzi scopra persino che quell'allontanamento acceleri col nostro procedere.

Ad ogni modo, come nel passato si sono formulate varie ipotesi sul destino dell'Universo, anche oggi esistono diverse ipotesi che immaginano un futuro a secondo di certi parametri da verificarsi.

Ad esempio, partendo dalla considerazione che sia la sola gravità a governare il divenire, proprio la più debole del le forze conosciute, e che questa forza sia solo attrattiva, non possiamo che concludere le nostre previsioni con due sole ipotesi: o l'Universo si espanderà per sempre o ad un certo punto la forza di gravità costringerà tutta la materia a ritornare in un piccolo punto di densità infinita, momento in cui cesserebbe scorrere anche il tempo.

Una terza ipotesi che vuole che tutto resti in un perfetto equilibrio per sempre appare oggi poco probabile.

Il popolare scienziato inglese Hawking ha formulato recentemente anche una nuova ipotesi abbastanza affascinante. Afferma che se combiniamo insieme teoria generale della relatività e meccanica quantistica risulterebbe possibile uno spazio-tempo quadridimensionale finito senza confini né singolarità e che quindi esisterebbe e basta.

Non dice altro e qui si ferma lasciandoci un po' perplessi; aspettiamo qualche dimostrazione matematica di questa sua teoria ... se esiste.

Comunque gli scienziati la mettano, la verità è che oggi non disponiamo ancora di una teoria unificata e che quindi consenta di descrivere scientificamente quanto Hawking immagina per cui dobbiamo lasciare aperta anche questa ipotesi.

Su una cosa comunque possiamo già essere certi e cioè che se l'Universo si espandesse all'infinito, ipotesi oggi molto accreditata, il limite dell'esistenza della materia in esso contenuta sarebbe determinata dal decadimento dei suoi ultimi componenti che, secondo i calcoli di qualcuno, richiederebbe un tempo pari a dieci elevato alla 100 anni, un tempo così lungo che non dovrebbe proprio preoccuparci, neanche per i nostri lontanissimi discendenti.

Grandi scienziati

Stephen Hawking (1942 – vivente)

Nato ad Oxford l'8 gennaio 1942 Stephen Hawking è uno dei più importanti astrofisici del nostro tempo.

Studente geniale, non per i modesti voti che prendeva a scuola ma per il suo interesse nello smontare ogni apparecchiatura che gli capitava tra le mani per capirne il funzionamento.

Si è laureato a pieni voti in fisica all'università di Oxford da dove poi è passato al Trinity Collage di Cambridge per approfondire i suoi studi in matematica ed in fisica applicate allo studio dell'Universo.

A 20 anni lo colpì la sclerosi laterale amiotrofica che lo avrebbe presto costretto a vivere su una sedia a rotelle, ma che non ha impedito di continuare i suoi studi e le sue ricerche.

Nonostante i limiti della sua condizione fisica e la necessità di utilizzare un sintetizzatore vocale per comunicare, Hawking ha sviluppato nuove teorie cosmologiche ed occupa oggi nel mondo scientifico un posto paragonabile a quello di Einstein.

La sua notorietà scientifica si deve alle sue pubblicazioni sulla formazione ed evoluzione galattica, sulla termodinamica dei buchi neri, sull'inflazione cosmica e sui modelli cosmici.

Non ha disdegnato la pubblicazione di molti testi divulgativi ed anche di libri per bambini per spiegare con parole semplici concetti difficili come i buchi neri e l'origine dell'Universo.

Ha teorizzato l'esistenza della vita in altri mondi ed il pericolo per noi se esseri intelligenti giungessero sulla Terra da altri lontani pianeti: afferma che faremmo la fine dei nativi americani, dopo l'arrivo dalle loro parti di Cristoforo Colombo nel 1942.

Numerosissimi i riconoscimenti accademici e le onorificenze che ha ottenuto durante il suo percorso scientifico, non ultima la Liberty Medal offertagli da Obama. Manca solo il premio Nobel.

Dopo aver ricoperto importanti cattedre universitarie, oggi a 74 anni è direttore del dipartimento di matematica e fisica teorica al Trinity Collage di Cambridge.

Paul Adrien Maurice Dirac (1902 – 1984)

Nel 1933 premio Nobel per la fisica assieme a Schrödinger, nasce a Bristol nel 1902 dove si laureò giovanissimo in ingegneria elettrotecnica nel 1921.

Proseguì gli studi in matematica e fisica applicata a Cambridge dove nel 1932 divenne professore di matematica.

Ha frequentato università americane ed è diventato professore di matematica e fisica all'università Statale della Florida.

Si deve a lui lo sviluppo di una formalizzazione teorica della meccanica quantistica, descritta nel suo libro "I principi della meccanica quantistica", in cui introduce gli spazi vettoriali ad infinite dimensioni che gli consentirono di prevedere l'esistenza del positrone.

E' stato uno dei principali iniziatori della elettrodinamica quantistica ed ha approfondito le teorie di campo, che da allora sono alla base di tutte le teorie cosmologiche.

Da grande amante della matematica, Dirac ha dato a questa materia un alto valore estetico introducendo l'idea che una teoria matematica, se anche bella, è anche probabilmente più giusta.

A lui si deve il concetto di "entaglement" in base al quale separando due sistemi che erano un tutt'uno, non possono essere descritti come sistemi distinti ma rimangono un unico sistema, per cui quello che accade ad uno continua ad influenzare l'altro, anche se da lontano.

Dirac esprime matematicamente questo concetto con una equazione diventata famosissima nell'ambito scientifico anche per la sua semplicità e bellezza: $(\partial + m)\psi = 0$.

Dirac muore nel 1984 in Florida, negli Stati Uniti ed è ricordato come uno dei padri della meccanica quantistica.

Erwin Schrödinger (1887 – 1961)

Nasce a Vienna il 12 agosto 1887 dove si diploma al Ginnasio nel 1906. Si laurea in materie scientifiche all'Università di Vienna nel 1910, dove diventa subito professore.

Ha poi occupato diversi ruoli come professore a Stoccarda, Breslavia e Zurigo ed in quest'ultima città ha espresso la sua massima creatività sviluppando le teorie statistiche sui gas di Boltzmann e soprattutto completando le teorie atomiche di Niels Bohr, per quanto riguarda le orbite degli elettroni nell'atomo.

Nel risolvere il problema lasciato aperto da Bohr, Schrödinger giunse alla sua famosa equazione d'onda, che gli procurò il premio Nobel nel 1933 assieme a Dirac.

Con la sua soluzione si spiegava in modo definitivo il perché le orbite degli elettroni nell'atomo sono limitate da precisi numeri, conseguenza dello stato ondulatorio dei corpuscoli, ponendo un altro fondamentale tassello alla teoria della meccanica quantistica.

Nel 1927 ritornò a Berlino come successore di Max Planck all'Università di Humboldt, che lascia nel 1933 per i problemi razziali in Germania.

Diventa professore all'Università di Oxford, in Inghilterra ed anche lettore all'Università di Princeton negli Stati Uniti.

Ebbe una complicata vita professionale prima della seconda guerra mondiale, periodo in cui frequentò l'Austria, l'Inghilterra ed anche l'Italia dove incontrò e collaborò con Enrico Fermi.

Si è interessato anche di biologia con un'opera che anticipa concettualmente la funzione del DNA, scoperto alcuni anni dopo.

E' famoso il suo "paradosso del gatto" che la meccanica quantistica vorrebbe contemporaneamente vivo e morto.

Muore a Vienna nel 1961 per una malattia infettiva.

Edwin Powell Hubble (1889 – 1953)

Nasce a Marshfield, Missouri, il 20 novembre del 1889, ottimo atleta in diverse specialità, tra cui il baseball ed il basket.

Nel 1910 consegue il baccellierato in scienze all'Università di Chicago, dopodiché studia per tre anni ad Oxford, UK.

Fin da giovanissimo si dedica all'astronomia, sua grande passione, e per questo motivo verso i 25 anni, prima di dedicarsi all'astronomia professionale, completa gli studi in matematica e fisica.

Tra l'altro consegue un PhD in Astronomia, studiando allo Yankee Observatory presso l'Università di Chicago, presentando una dissertazione sulla fotografie di nebulose deboli, argomento che gli servirà poi nell'attività di astronomo professionista.

Nel 1919 inizia a lavorare presso l'osservatorio del monte Wilson a Pasadena in California assieme a George Hale, fondatore e direttore di quell'osservatorio, allora il più grande del mondo. Al monte Wilson Observatory lavorerà fino alla sua morte nel 1953. Ebbe comunque il tempo di collaudare il grande telescopio con specchio da 5 metri di Monte Palomar.

Usando il telescopio del monte Wilson riuscirà a dimostrare non solo che l'Universo è molto più grande di quanto si credesse, ma che le galassie lontane si allontanano tutte dalla Terra dando origine all'espansione dell'Universo.

La legge che nel 1929 Hubble ha formulato e che ha preso il suo nome, è alla base di tutta la cosmologia moderna fornendo anche quantitativamente il valore dell'espansione in base al red-shift delle galassie, cioè lo spostamento verso il rosso del loro spettro ottico.

Questa scoperta è all'origine della formulazione del Big Bang che spiega come questo allontanamento sia dovuto ad un'iniziale esplosione dell'Universo ed alla sua conseguente espansione.

Albert Einstein (1872 – 1955)

Forse il più grande e più noto scienziato del secolo scorso, nasce il 14 marzo 1879 a Ulma in Germania. Dopo un passaggio in Italia col padre industriale nel mondo dei prodotti elettrici dell'epoca, si iscrive al Politecnico di Zurigo dove si laurea nel 1900 in fisica e matematica, materie per cui ha una grande passione.

Una volta laureato inizia la sua attività come impiegato dell'ufficio brevetti, ove alterna lavoro e studio della fisica teorica.

Nel 1905 pubblica negli Annalen der Physik, principale rivista scientifica tedesca, 3 articoli che lo renderanno famoso: il primo sull'effetto fotoelettrico, il secondo sul moto browniano ed il terzo sull'elettrodinamica dei corpi in movimento (oggi denominata teoria ristretta della relatività).

Nel 1914 diventa direttore all'Istituto di Fisica di Berlino e nel 1915 pubblica la sua Teoria Generale della Relatività. Nel 1921 gli viene assegnato il premio Nobel per la Fisica per il suo lavoro sull'effetto fotoelettrico pubblicato nel 1905.

Trovandosi nel 1933 in USA ad una conferenza presso l'Università di Princeton, decide di non tornare in Germania per le leggi razziali approvate in quel Paese proprio in quel momento.

Profondo pacifista comunque, nel 1940 scrive una famosa lettera al presidente Roosvelt per convincerlo sulla necessità di costruire la bomba atomica prima della Germania, di cui si pentirà.

I meriti, i riconoscimenti, le idee scientifiche e politiche di questo grandissimo scienziato riempiono intere biblioteche e le sue teorie resistono ad ogni prova pratica tanto che sono ancora oggi laa base di tutte le teorie cosmologiche.

Einstein muore a Princeton il 18 maggio 1955 a 76 anni, ancora convinto, come disse con una sua famosa frase "che Dio non gioca a dadi", alludendo alla meccanica quantistica verso la quale nutriva profondi dubbi.

Isaac Newton (1643 – 1727)

Padre del concetto di gravità, nasce il 4 gennaio 1643 a Woolshorpe (UK) e nel 1652 inizia i suoi studi presso la King School di Grantham per poi passare, una volta diplomato, al Trinity Collage di Cambridge.

A soli 22 anni sviluppò teorie matematiche avanzatissime per l'epoca per poi concluderle con il calcolo infinitesimale, in concorrenza col suo grande avversari Leibniz.

Nel 1670 comincia a studiare l'ottica di cui descrisse scientificamente fenomeni come la rifrazione e la riflessione che poi gli servì per realizzare il primo telescopio riflettore. Come conseguenza di questi suoi studi arrivò ad ipotizzare che la luce fosse corpus cale le cui particelle si muovono nell'etere.

Nel 1684 pubblica la sua più importante opera intitolata " Philosophiae Naturalis Principia Mathematica", che racchiude tutta la parte scientifica sulla gravitazione universali e le sue tre leggi fondamentali che ancora oggi è un pilastro della meccanica non relativistica e studiata nelle scuole di tutto il mondo.

Nel 1696 divenne guardiano della Zecca di Londra dove svolse importanti incarichi per la coniazione di nuove monete dello Stato.

Nel 1701 pubblicò un lavoro sulla termodinamica e le sue leggi da cui ha avuto origine la "legge del freddo" che porta il suo nome.

L'importante associazione scientifica inglese Royal Society lo nominò suo presidente nel 1703 e poi ebbe numerosi riconoscimenti pubblici per i suoi contributi scientifici ed anche sociali.

Non risulta che si sia sposato né che abbia avuto figli, per cui la sua eredità scientifica, alla sua morte nel 1727 a 84 anni in quel di Londra, è passata al Regno Inglese.

Galileo Galilei (1564 – 1642)

Nato ad Arcetri il 15 febbraio 1564, Galileo è giustamente considerato il filosofo e matematico più meritevole per la nascita della scienza moderna. Nonostante il conflitto con la Chiesa di allora e ben due giudizi negativi della Sacra Inquisizione, riuscì a completare memorabili ricerche ed a farle pubblicare.

La dottrina copernicana abbracciata da Galileo, gli costò una prima condanna che lo costrinse ad abiurarla.

Con l'accordo della Chiesa in seguito Galileo riuscì a pubblicare il suo "Dialogo fra i due massimi sistemi del mondo" in cui metteva a confronto Aristotele e Copernico, senza favorire Copernico come da accordi con la Chiesa ma il successo dell'opera non piacque ai religiosi per cui fu condannato ai domiciliari a vita.

Quattro anni prima di morire, esattamente nel 1638, riuscì comunque a far pervenire ad un editore olandese la sua più famosa opera intitolata "Discorsi e Dimostrazioni Matematiche Intorno a due Nuove Scienze" che col suo metodo scientifico segna la nascita della scienza moderna dove l'esperimento assume centralità.

Galileo iniziò gli studi in un convitto a Pisa proseguiti poi a Firenze in un convento come novizio. Nel 1583, dopo un infruttuoso periodo di studi in medicina, studiò matematica a Firenze dove scoprì la legge del movimento del pendolo,..

Nel 1589 ottenne la cattedra di matematica all'Università di Pisa e nel 1592 vinse la cattedra di matematica a Padova dove vi resterà per 18 anni.

Nel 1610, tornato a Firenze come primario Matematico e dopo varie vicissitudini determinate dal conflitto con la Chiesa, moriva ad Arcetri l'8 gennaio 1642, dove scontava la condanna agli arresti domiciliari comminatagli a vita dalla Chiesa.

Niccolò Copernico (1473 – 1543)

Nasce a Torun in Polonia il 19 febbraio 1473, con le sue rivoluzionarie idee astronomiche pose le basi della moderna, astronomia superando la visione geocentrica tolemaica.

La rivoluzione eliocentrica copernicana, come ancora oggi la si definisce, risolse le contraddizioni dell'astronomia tolemaica che voleva che tutta la volta celeste girasse attorno alla Terra.

Senza le sue acute osservazioni anche l'Astrofisica del nostro tempo avrebbe subito grandi ritardi e dobbiamo al suo coraggio l'aver contraddetto a suo rischio il credo di quei tempi.

Astronomo, astrologo, ecclesiasta, giurista e medico, Copernico studiò astronomia nell'Università di Cracovia e diritto all'Università di Bologna, dove iniziò le sue prime osservazioni astronomiche. Tenne lezioni di astronomia a Roma, poi si laureò in diritto canonico nel 1503 a Padova.

Tornato nelle sue terre cominciò a scrivere il "De Revolutionibus Orbium Coelestium" che fu pubblicato per opera del suo allievo Wittenberg Retico nel 1543, subito dopo la sua morte.

L'opera ebbe grande scalpore in tutta Europa e fu subito ostacolata dalla Chiesa che vi riscontrava pericoli per il fatto che le teorie di Copernico contraddicevano le Sacre Scritture che allora veniva presa alla lettera anche per argomentazioni scientifiche.

Ben presto l'esattezza delle teorie copernicane trovarono riscontri grazie ai telescopi che, seppure primitivi, permisero ad altri astronomi, come Galileo Galilei, di verificarle.

Sostituendo l'Almagesto di Tolomeo Copernico creava un nuovo e più corretto sistema di calcolo matematico offrendo agli astronomi una solida base per ulteriori ricerche.

Copernico moriva a Frombork il 24 maggio 1543 sorridendo: aveva ricevuto pochi attimi prima di spirare il suo libro appena stampato!

Conclusione

Con questo primo libro della serie dedicata all'astrofisica, mia grande passione, ho pensato di farvi conoscere alcuni aspetti di questa scienza e di stimolare anche voi lettori alla ricerca dell'origine e del funzionamento dell'Universo.

E' meraviglioso scoprire come siano state scoperte tante cose che per noi oggi appaiono naturali come il fuoco, la ruota, la scrittura, la medicina e come antichissimi popoli abbiano costruito, lentamente e tra molte battaglie, quella che noi oggi chiamiamo "civiltà".

Nulla è avvenuto per caso: tutto è stato conquistato da noi umani con un duro lavoro e tra grandi sofferenze.

La più grande lezione del nostro lontano passato è: "**lavorare, inventare, costruire senza fermarsi mai**!" ed ora, avanti verso lo spazio, alla conquista dell'Universo e per fare questo costruiremo nuovi e potenti strumenti per indagarlo e per navigarci.

Leggere e seguire queste cose, partecipare alle nuove scoperte, capire quanto sia grande l'Universo e piccoli noi, anche senza essere scienziati, oltre che un piacere può essere un modo per vivere meglio e distoglierci dai problemi di tutti i giorni.

Spero di essere riuscito a trasmettervi questo mia passione e vi auguro...buon proseguimento!

Linkedin: Ettore Accenti
Blog: http://ettoreaccenti.blogspot.ch/
Link ai miei libri pubblicati: http://amzn.to/1YYcPaI

Indice Analitico

A

Abū Jaʿfar Muḥammad ibn Mūsā ibn Shākir; 13
Adronica materia; 36; 38; 43
AGN Active Galactic Nucleus; 70; 71; 72
Airy George; 14
Astrophysical Journal; 80

B

Bell Laboratories; 79
Big Bang; 27; 30; 33; 34; 36; 40; 42; 79; 81; 82; 96; 101; 103; 112; 119; 121; 122; 133
Bohr Niels; 14; 31; 32; 131
Bosone; 29; 37; 39; 40; 41; 42
Bosone di Higgs; 29; 37; 40; 42
Bradley James; 14
Buchi Neri; 1; 3; 25; 43; 44; 61; 63; 68; 69; 70; 71; 73; 75; 76; 77; 78; 87; 89; 91; 94; 95; 114; 115
Buco Nero; 41; 44; 58; 61; 62; 63; 64; 65; 66; 67; 68; 69; 70; 71; 72; 74; 75; 76; 77; 78; 106; 113; 114

C

Caltech - Istituto scientifico; 95
Carrington Richard; 14
Cassini Giovanni; 13
CERN - Ginevra; 18; 27; 29; 36; 37; 43
Chandra; 53; 59; 68
Chandrasekhar Subrahmanyan; 53; 55; 56; 59; 60; 61; 64; 68; 77; 106
Cobe Satellite; 81; 83
Copernico Niccolò; 13; 100; 101; 139; 141

D

De Broglie Lois-Victor; 32
Dirac Paul Adrien Maurice; 14; 15; 32; 129; 131

E

Eddington Arthur; 55
EGO - European Gravitational Observatory; 95

Einstein Albert; 9; 14; 15; 17; 18; 19; 21; 22; 23; 24; 25; 27; 28; 41; 45; 48; 52; 53; 54; 55; 64; 67; 77; 91; 96; 127; 135
Elettrone; 31; 34; 35; 36
Elettroni; 27; 28; 31; 36; 39; 54; 55; 58; 85
elettronvolt; 35; 40
Entanglement quantistico; 29
Equivalenza energia massa E=mc^2; 20; 112
Eta Carinae - Stella nella nebulosa; 109; 116; 117

F

Fermi Enrico; 14; 32; 131
Fermioni; 39; 40
Feynman Richard; 32; 52
Forza di gravità; 29; 40; 42; 49; 64; 67; 72; 85; 90; 91; 105; 123
Forza elettrodebole; 42
Forza elettromagnetica; 29; 40; 41; 90
Fotone; 41
Fotoni; 82; 122
Funzione d'onda; 32

G

Galilei Galileo; 13; 17; 100; 139
Gamow George; 81
Gluone; 41
GRB - Gamma Ray Burst; 105; 108; 110; 111; 112; 113; 114; 118

H

Halley Edmond; 14
Hawking Stephen; 14; 44; 52; 65; 73; 75; 120; 123; 127
Heisenberg Werner; 28; 32
Herschel William; 14
Hubble Edwin Powell; 101
Hubble Edwin Pwell; 56; 76; 82; 101; 133
Huggins William; 14
Huygens Christiaan; 13

I

Idrogeno; 34; 35; 36; 53; 54; 59; 61; 71; 72; 85; 115
Ipernove; 1; 3; 69; 72; 105; 107; 113; 114; 115; 116; 118
Ipernove - esplosione di stelle ipermassicce; 105; 107; 112; 115

K

Keplero Giovanni; 13
Kirchhoff Gustav; 14

L

LIGO - Laser Interferometer Gravitational-Observatory; 95; 96; 97; 98; 102
Limite di Chandrasekhar; 53
LISA - Laser Interferometer Space Antenna; 102; 103
Livingston - nello stato della Luisiana; 95; 100
Lockyer Norman; 14

M

Meccanica quantistica; 27
Mendelyev Dimitri; 34
Mesonica materia; 38
Messier Charles; 14
MIT - Massachussets Institute of Technology; 95
Modello standard; 9; 23; 30; 32; 33; 34; 38; 42; 43; 51; 113

N

Neutrini; 39; 40
Neutroni; 1; 3; 36; 37; 38; 39; 55; 56; 57; 58; 59; 61; 62; 64; 77; 106; 107; 109
Newton Isaac; 13; 17; 18; 51; 137
Nove - Esplosione di stella; 105
nove - esplosione di stelle massicce; 105; 115

O

Onde gravitazionali; 1; 3; 23; 75; 89; 91; 92; 93; 94; 95; 96; 99; 100; 101; 102; 103; 104; 122
Oppenheimer Robert; 32

P

Pisa - Italia; 95; 139
Pitagora; 46; 49
Planck Max; 28; 32; 33; 41; 121; 131
Ponzias Arno; 81
Premio Nobel; 28; 32; 53; 55; 81; 127; 129; 131; 135
Protone; 18; 34; 35; 36; 37; 40; 41; 91; 92; 104
Pulsar; 56; 57
Punto di Lagrange; 83

Q

Quark; 37; 38; 39; 40; 41; 85

R

Radiazione di fondo; 1; 3; 79
Raggi gamma; 56; 86; 87; 88; 93; 100; 104; 107; 108; 111; 112; 114
Raggi X; 53; 56; 57; 59; 69; 87; 93; 100; 104; 106; 111; 112; 114; 116
Raggio di Schwarzschild; 76; 77; 78
Red shift - Spostamento verso il rosso; 86
Redshift - spostamento verso il rosso; 71
Relatività generale; 23
Relatività ristretta; 1; 3; 19
Richland - Città nenno stato di Washington; 95

S

Satellite WMP; 83
Schrödinger Erwin; 31; 129; 131
Scwarzschild Karl; 77
Secchi Angelo; 14
Stella di neutroni; 57
Stringhe; 49
supernove - esplosione di stelle supermassicce; 87; 105; 108
Supernove - Esplosione di stelle supermassicce; 105; 115

T

Telescopio Hubble; 82; 111
Teoria delle stringhe; 45; 46; 48; 49; 50
Teoria delle super stringhe; 9; 45; 48; 50
Trasformata di Lorentz; 21
Trasformata galileiana; 21

V

VIRGO - Interferometro presso Pisa; 95

W

Wheeler John; 64
Wilson Robert; 81; 101; 133
Woodrow Robert; 81

www.ingramcontent.com/pod-product-compliance
Lightning Source LLC
Chambersburg PA
CBHW040805200526
45159CB00022B/22